別再為小事抓狂
系列　全新改版

練習當「有錢人」

Don't Swea[t]
the Small Stuff
about Money

理察・卡爾森 Richard Carlson——著
朱恩伶・李怡萍——譯

目錄

Part 05

目標．世上沒有到達不了的地方

作者序

練習用更豁達的心態來面對金錢

理察・卡爾森

只要一談到錢，壓力就來了。當然，金錢是必要的，但對大部分的人來說，金錢常給人帶來困擾。大多數的人都覺得自己的錢太少，而別人的錢太多。金錢會讓朋友之間產生嫌隙，也會使家人關係出現裂痕；金錢會使美好的婚姻告吹，也會讓一生的友誼化為灰燼。我所聽過的，因金錢所造成的爭鬥、決裂，比世上其他事情都還要多更多。

金錢會讓人們貪得無厭，也會變得冥頑不靈；金錢這個主題很少會激起人們最良善的一面，反倒常引發人們最不堪的一面。很多人花錢只為了愚蠢的浪費，有些人則是過度節制且錙銖必較。從更深入的角度來看，金錢往往與權力和欲望脫離不了關係；因此，很多人會將自我尊嚴與他們的財富價值劃上等號，於是，使他們沒有機會過著快樂和諧的生活。

我們對金錢的煩惱與執著超乎一切。我們不知道目前擁有的金錢夠不夠，也擔心以後會不會有足夠的錢。你關心股市行情，甚至你的快樂完全隨著股市漲跌而起伏。股市漲了，你就雀躍不已；股市跌了，你就悲慘莫名。

我們對金錢有好多問題。該如何使用？該存多少錢？該拿多少出來做公益？該花多少在孩子身上？我們離開人世後，錢會落到誰手裡？

我們對於金錢也有不少擔心和煩惱。有些人覺得要繳太多稅，錢財的處理太複雜；東西太貴，讓人覺得被剝削。別人比自己有錢時，會讓自己沒安全感；自己比別人有錢時，又會讓自己覺得有罪惡感。

你認為當一個人擁有一定程度的財富時，他就可以不用再為錢擔心了，但事實卻往往相反。大部分有錢人，不但不覺得輕鬆，反而更添煩惱；他們現在雖然不用擔心錢從哪裡來，但要開始擔心如何守住錢財、如何保護財產等。然後，還會開始擔心這樣的問題：「別人是不是想占我的便宜？」以及「他是不是因為我有錢，才喜歡我？」

我認識很多人，他們的家族事業雖然做得很大，卻摧毀了整個家庭；我見過很多人，他們在父母過世後，為了爭奪財產而反目成仇；我也見過為了金錢糾紛，而鬧上法庭的親人或好友；我更親眼目睹過一位計程車司機，為了幾塊錢的糾紛，幾乎回頭殺了一位老人。這種故事永遠說不完。我曾跟不少窮人相處，也曾跟許多富人交遊，更認識一大堆中等收入的人；老實說，我覺得九九%的人，不管有沒有錢，都會因為金錢而小題大作，真的，這是一種普遍的現象。

本書原本的書名叫作《別怕賺不到錢》（*Don't Worry, Make Money*）。從後見之明來看，這本書應該歸在「別再為小事抓狂」系列，因為金錢很可能是我們焦慮的最大源頭，因此很適合學習不要擔心、躁怒、焦慮、緊張的哲學。你無法（或許你也不願意）免除與金錢有關的問題，但是你可以學習用更豁達的心態來面對它；若能這麼做，你的整個人生將變得更輕鬆和諧。

要在人生中獲得極大的財富與成功，但內心又能清淨不受影響，並非不可能的事；要擺脫煩惱或憂傷，做出適當而有智慧的決定，也決非難事。這就是本書的重點：找出創造財富與更多樂趣的方法，來擺脫生活中無所不在的煩憂與壓力。

學習別去擔心賺不到錢，這麼想雖然不會解決你所有的金錢問題，但一定會讓你的心境更平和。多一些正確的觀點，或許再多一點幽默感，你必能明智地處理錢財；你會眼光精準，並做出很棒的選擇，不會讓財務問題困擾你的人生。

如果你讀過我其他「別為小事抓狂」系列的著作，你會了解我對人們的潛能深信不移。我相信我們擁有喜樂、同情和智慧的潛能，而唯有在我們停止為小事抓狂時，這些潛能才會展現出來。

當你不再擔心賺不到錢，身邊的人都將受益匪淺。你的心情會更愉快，也可能會賺到更多錢。在我看來，我確信多數人所享有的任何成功，都是因為我們去除了擔憂，絕不會因擔憂而成功。擔憂和過度焦慮，會把我們帶離夢想，讓潛能無法發揮。因此，當我們找到不擔心或是不抓狂的方法，其實同時也點燃了我們內在的無限潛能。

重要的是，其他人也將因此而受惠。當我們不擔心金錢，就會更樂意去為別人服務，我們會更慷慨有愛，不會因為恐懼，而吝於付出我們的時間、精力、點子或金錢，我們會學習發自內心，自在地付出。我認識許多人，在解除了對金錢的擔憂之後，便開始捐錢、當義工，為別人出錢出力；他們「不擔心」的能力，使他們更有信心、也願意付出時間和金錢。

當你不再為了錢斤斤計較，你就可以將精力用在更有建設性的地方，去做一些能帶給你快樂的事。書中所提出的建議，就是要幫助你將煩惱從生命中永遠驅逐出境。不管你想要獲得信心，來尋找新工作或追尋夢想，還是想要自在地請求別人幫助或要求加薪，或是想擁有處理批評和拒絕的能力，或是增進自信心，敢於冒險、公開演講、多做公益、利用創意的方式來行銷，或者只是單純地學會不要為錢斤斤計較，無論如何，本書都將對你有所幫助。

我很高興各位能花時間來閱讀這本書，並希望本書能幫助你創造一個更棒的人生。

我在此深深祝福各位。

Part 01 自己

沒有完美只有好還要更好

01 第一步，做就對了

我到現在還清楚地記得我第一本書所寫下的第一句話！那似乎是好久以前的事了，然而，我若沒有寫下第一個句子，我就不可能完成我的第一本書，也不會有第二本、第三本……等，然後又一本接一本的繼續下去。

每段旅程，不論多遠，總是從腳下的第一小步開始，但是，你一定得先踏出第一步，一旦踏出了第一步，接下來的每一步都將讓你越來越接近目標。

有時候，當你考慮做一件從沒做過的冒險，不管是養個孩子、寫一本書、開創一項新事業、開始儲蓄或其他任何事情，在你看來，這件事似乎是個不可能的任務，你覺得根本不可能成功，就算踏出第一步也沒什麼用。當你眺望遠方時，這段旅程的確可能看起來很艱難，你甚至不曉得要從何開始……

而成功的祕訣聽起來很簡單，因為本來就很簡單：只要做就對了。踏出一小步，接著再來一步，然後又是另一步。

不要眺望太遙遠的未來，也不要回顧太久遠的過去，盡量把焦點放在眼前。只要你遵循這個簡單的方法，長期下來，你所完成的成就，會連你自己都感到驚訝不已。

當我拿到博士學位時，我的好朋友馬文送了一份禮物給我，那是一套二十六冊的《榮格全集》。馬文在第一冊上面寫的一段話，很值得在這邊跟各位分享。他寫道：「學問不是一蹴可及的！學問是一個日積月累的過程，是靠著片段的零碎時間所累積起來的，只要你每天讀八頁，七年以後，你將是全世界最有學問的榮格專家，而且每一頁你都真正讀過！」雖然我不是頭號榮格迷，但我始終很感激好友送給我這段話。

當然，所有冒險都是如此。我有位朋友家財萬貫，至今他都還記得，他們夫妻倆在四十年前，帶著十美元去銀行，開第一個儲蓄帳戶的事。他們大笑著說：「小小的時間所成就的結果，真是令人嘆為觀止。」他們如果沒有決定從某個地方開始，不可思議的成功也就無法實現。

我一再聽見人們告訴我，他們要寫書、要開個儲蓄帳戶，或是計畫要去慈善機構幫忙。可是，大多時候，這些計畫和夢想被不斷延後，直到「時機成熟再說」。我所能跟你分享的最有力訊息，也就是我絕對確定的訊息，那就是：多半你所等待的時機，在下週或明年並不會有什麼顯著的差別。

不用擔心時機成不成熟，事實上，無論如何，你總是要踏出第一步！如果你不再拖延，現在就開始，那麼明年此時你將會更接近夢想好幾步。

現在，先恭禧你，你已經踏出讀完本書的第一步了！

02

慷慨一點，好好報答別人

我們許多人都聽過這個說法：「付出本身就是回報。」這當然是真的，而且比任何理由都更值得去付出。但付出還有另一層不為人知的意義：付出是一種能量，不但幫助了他人，也為付出的人創造了更多。這是一條真實的自然法則，不論付出的人是否想要這個結果，或者是否明白究竟發生了什麼事。

當你感到害怕，或自私自利地為自己囤積一切時，其實你就是在阻礙流通，使金錢無法回流到你身上。儘管你沒有往外付出，但你所擁有的任何成功，都不是因為不付出而獲得的。想讓金錢流通，就要開始付出。慷慨一點，好好報答別人。多給服務生一塊錢小費、多捐獻給慈善團體，多回饋，然後注意會發生些什麼事！事實是，你將會發現東西開始憑空冒出來。

如果你想要用愛或其他有價值的事物充實人生，也可依循同樣的道理。付出和回收是一體的兩面。如果你想要更多的愛、樂趣、尊重、成功，方法很簡單，就是付出。什麼都不用擔心，你所付出的一切會連本帶利回到你身上的！

03 冷漠不會讓你更自在

我們常常不自覺地將超然與漠不關心混為一談。事實上，這兩者是全然不同的。漠不關心指的是冷漠：「我一點也不在乎，這件事跟我無關。」相反地，超然卻意味著：「我會盡一切努力去做，會抱著希望，會努力並集中精神，會盡全力去追求成功。但是，如果最後不成功，那也無所謂。」

太在乎結果、太執著，必定會耗損許多精力；這不只是在努力期間如此，在你千辛萬苦完成之後，或是面臨失敗、失望，或不當的處置時，通常也是如此。

態度超然可以讓心境自在。這意味著緊緊抓住，卻輕輕放開；這表示全力以赴，真正用心，但同時也願意完全不計較後果。

執著會帶來恐懼，阻礙你的去路：萬一我輸了怎麼辦？萬一這筆交易沒有成功怎麼辦？萬一我被拒絕了怎麼辦？萬一，萬一，萬一你認為一切都必須按照你想要的方式發展，不能出任何差錯，你的所作所為全都是為了成功，這樣的想法將為你帶來了莫大的壓力。

但另一方面，超然卻有神奇的效果。保持超然的心境能讓你在努力中得到樂趣，讓你能享受整個過程；更能帶給你所需要的信心，幫助你達成設定的目標，並解除壓力。因此不論結果如何，你都是過程中的贏家。

不煩惱能幫助你把焦點放在目的上，能幫助你不阻礙自己的道路。你的內心很清楚，即使結果不符合預期也無所謂。你不會有事，會學到經驗，下次會做得更好。

這種接納的態度，將幫助你在人生道路上繼續走下去。你不但不會因為失望懊悔，而感到失落或動彈不得，反而可以信心十足、愉快地向前行。

04

你是自嗨，還是熱力四射？

大部分的人都會同意，對自己的工作充滿熱情，就算不是成功的必備因素，至少也是大有幫助的幕後功臣。只不過，有些人往往把有用的熱情，與亢奮或狂熱的行為混為一談。

熱情有各種不同的形式，它可能是成功的驅策力，或者是想捲起袖子好好拚的感覺，或盡全力挑戰辛苦漫長的工作時間。這種「亢奮」的熱情可能很興奮，甚至會上癮；不過問題是，它會耗盡你的能量，讓你精疲力盡。它的動力來自外在的源頭，來自緊迫的截止時間和小題大作。這種熱情的外在特性，總是帶著一點恐懼的味道：「只要一切都順遂，我就愛這種感覺。」但這種熱情也可能不會出現，因為你只有在有截止壓力、有興奮感的事情發生時，才能得到樂趣。於是你總是將時間消磨在等待和尋找更大的興奮上。

另一種比較鎮定的熱情是我所謂的放鬆的熱情，這是一種從容自若、慢慢釋放的感覺，它滲透進入你所做的每一件事，因此，你幾乎做任何事都能帶來喜悅和成功。這種感覺不但不狂熱，而且更像快樂與熱忱。這是一種比較鎮定的興奮，可以說是一種沒有憂慮的興奮：「我之所以喜歡，就是單純因為我全心投入我所做的事情當中。」

產生這種熱情的方法，就是學習將你的注意力完全放在當下。任何時刻都試著一次只做一件事情，而且把全付精神都拿來做這件事。如果你在講電話，請全心全意，跟你說話的對象「在一起」。思緒不要東奔西跑，請專心於當下；如果你的心飄走了，請輕輕地再把心帶回此時此刻。

我們所做的任何事情，不管是準備報告、演講、解答問題、想出點子、進行一項艱困的差事等，都可以從中產生放鬆的熱情。它不是來自興奮、外在的冒險，而是來自我們自己的專注力、我們的心念。有太多人活在過去或未來，我們的心思意念若不能放在此時此刻，就無法體驗喜樂。你只要更專注於當下，就可以將熱情帶回你的人生和事業中，你的專注力和洞察力將會大幅提升，同時，創意和創造力也將源源不絕。

05 感謝自己如此努力過

從表面上看來，這是本書中最沒有原創性的一個想法。「先感謝自己，再報答別人！」這是一個老哏，大部分的財經專家也都明白，如果缺乏這樣的訓練和智慧，是絕對不可能累積雄厚財力。這個想法的重點在於，如果你打算等到報答完每個人之後，再感謝自己，可能永遠也等不到那一天，因為到最後你根本不會剩下一分一毫。不過，儘管這個觀念如此重要，但還是很少人真正去實行這個策略；主要的原因就是：擔憂。

如果你擔心擁有的不夠多，你將永遠都不會滿足！恐懼將會阻止你創造財富的所有步驟。因此，所要採取的第一個也是最重要的步驟，就是在憂慮萌芽前，就先防範未然。

從這一刻起，承諾自己將會拋開所有的憂慮思緒，先感謝自己，再報答別人。每天、每週或每月，只要你覺得合適就行，請開一張支票給自己，請投資自己，相信自己，你就足夠支付其他的一切。

雖然如此，但不論你的收入是多少，最後你一定會很驚訝，剩下來的錢永遠還是足夠支付你的帳單。你會不知不覺地在花費習慣上做出明智的調整，會做出新的選擇，在很短的時間內，養成先感謝自己、儲蓄或是在自己身上做一點投資的習慣。你將會看到自己的存款和淨值增長。當這件事情發生時，你將會看出憂慮多麼具有毀滅性，也會發現自己過去的憂慮竟是那麼多餘。如此一來，你將會建立起更多的信心，也將變得更有紀律，並且能產出更多的創造力和新點子。你將會發現自己處在一種嶄新的心態下，創造財富。

重要的關鍵就是，明白你並不會因為收入增加就停止憂慮，很多收入豐厚的人也無時無刻都在擔憂。解除這些憂慮的祕訣，就在於毫無疑慮地信賴奇蹟會在前方出現。首先，你要停止憂慮，然後，去實踐那些如何讓自己更富足的步驟。

06

一邊做好事，一邊賺錢

我最愛的一種沙拉醬，就是「保羅紐曼私房沙拉醬」。這罐沙拉醬在靠近瓶口的地方寫著：「本產品銷售之後的稅後盈餘，保羅紐曼將全數捐做教育和慈善用途。」這正是「一邊做好事，一邊賺錢」的最佳典範！

很多名人和成功的企業家也都在這麼做：將企業經營與公益結合在一起。

這是多棒的一件事啊！每個人都可以受惠：慈善機構得到了金錢的資助，有時候還得到了名聲；而企業家不僅感受到助人的喜悅，同時又能獲得良好的信譽；另外，顧客也受益，因為他的每一筆消費都在幫助做公益。反正所有產品都一樣，那我寧願買可以做公益的產品。

有許多非名人都在做這樣的事，世界各地有很多人一直在想辦法將事業與公益結合在一起；不管你做哪一行，這都是非常簡單可行的策略，甚至我還要告訴你一件很有趣的事……

某次，我在一場簽書會上提到這個主題時，一位有點憤世嫉俗的男士卻對我說：「這對你（理察）來說當然容易了。」他的意思是，如果你有經濟地位的話，自然很容易把商業行為結合慈善工作，否則對其他人來說，那會是極大的負擔。

在我還來不及回答時，有一位不到十歲的小男孩站起來說：「你想不想聽聽看我是怎麼做的？」

「當然了，」我說。「我們都很想知道。」

「我每天都會記錄自己賣了幾杯檸檬汁，每當我賣了一百杯時，我就會捐一整壺的檸檬汁給街上的那家安養院。」

當小男孩分享完之後，所有觀眾都為他熱烈鼓掌！你想，有誰會不願意跟這個小男孩買檸檬汁呢？

一個十歲男孩子的檸檬汁攤子，都可以成為助人的工具，那我們其他人怎麼會找不到貢獻的方法呢？想想看，我們可以多麼輕鬆就將自己做生意的收入，撥出一些來做善事，不管是多少。如果你只是個員工，不能做這種決定，那也無妨，你也可以用個人名義，捐出一部分收入或是時間、精力。不管形式如何，你有太多方法可以去幫助別人。

知道自己能對社會有所貢獻，你無法相信自己的心情會有多麼愉快，而且你也會覺得打拚事業，是件很有意義的事，甚至，我相信你也不會再感到患得患失，因為我發現，許多真正去行善的人，不太會為小事抓狂；所以，再說一次，每個人都受惠，尤其是你自己！

我經常在想，要是人人都把自己的工作當作助人的機會，那麼這個世界會有多美好！假如我們每個人都能盡自己一分小小的心力，我相信這樣的世界，已經離我們不遠了。

07 你有多久沒有聽自己說話？

當你相信某件事情時，通常是因為別人如此告訴你，例如，你的父母、指導員、朋友、同事、夥伴、老闆或員工。你會被別人的話所影響，通常是以正面的方式來影響。最後，你的信念體系就以某種可以衡量的方法，被塑形、改變、鞏固。例如，你的父母試圖說服你，在大公司工作比較好，比較有地位，也比當一個園丁有保障。如果你相信他們的話，你就會把這個觀念納入職業的抉擇，以及你所遵循的方向中。我們每個人都有信念，這並沒有什麼不對。

但另一方面，從本質上來說，明瞭是一種直覺。當你明瞭某件事情時，你就可以感覺到，你很確定，你或許不一定能完全解釋自己為何會有這種感覺，可是內心的某個東西——智慧、常識、指引，不論是什麼——都提供了你所需的答案，只要你傾聽，內心就會指引你方向。

例如，我很早就明瞭自己會成為某種類型的老師。我明瞭自己的使命，或說成年後的角色，就是透過寫作和演講跟大家分享我所認識的真理。這很難解釋，因為我以前認為自己根本不會寫作，而且很怕在大眾面前公開演講；甚至，我的高中英文差點就被當掉，而且也曾在大庭廣眾之下，演講到昏倒！

或許，我唯一做對的一件事，就是傾聽了內在的聲音，也就是你「明瞭」的源頭。它不斷地堅持我必須去教書，雖然表面上看起來我完全不像個老師。我花了好幾年時間才確定了自己的目標，然而事實經常就是如此：明瞭比信念更有力。最後，我還是踏上了我的事業生涯——寫作、演講和教書。

所有人都能瞭解自己的某些部分，像是我們的夢想、希望與人分享的天分、想追求的特殊才華等。可是，我們卻常常用自己的信念，埋沒了所明瞭的這些事，最後這些信念變成了我們自己的限制。

我們的信念會這樣說服自己：我做不到，這是別人的事，或這跟我的本性不合。或者提供我們方便的藉口：我沒有時間，我從來沒有休假，或我的人生沒有好好規劃。

好消息是，當你開始認定你所明瞭的，遠比你被教導應該相信什麼更重要的那一刻起，你將會改變致富的方向。

成功來自內在，而非外在；成功是從傾聽你的內在呼喚與內在智慧開始。你真正珍惜和喜歡的是什麼？你的心想告訴自己什麼？有沒有什麼是你內心需要追求的？這些問題都會將你送往偉大的道路去。

一旦上路以後，你就會找出屬於自己的一套獨特方法，既能讓這條路通往成功，又能讓你樂趣無窮。我親眼目睹有人把嗜好變成財富，或完全改變生涯規劃、開始從事副業，或藉由改變態度，而翻轉了他們現有的事業。

一而再，再而三，我見到人們藉由單純的觀念轉換，讓夢想成真。這個過程如何展開，完全操之在你。當你傾聽內心的聲音時，道路就會自然浮現。

08 做你真正擅長的事

小時候，有一次父親看了我在學校寫的作文後，告訴我：「理察，你對拼字不在行沒關係，重要的是，你必須知道自己對拼字不在行。這樣一來，不確定的時候，你就可以查字典。」沒錯！他說得對極了！這個小智慧所帶給我的收穫，遠比任何事情都還要來得多更多。

我父親說得很有道理，而且不只是拼字這件事，這個道理幾乎可以應用在每件事情上。例如，在我的工作上，我是不是個專業編輯並不重要，重要的是必須掌握自己的弱點和不足之處；在我最弱的部分，可以雇用別人來代勞。

同樣地，我也不是一位很有組織的人，很難將演講的所有細節安排好；但沒問題，我可以雇用能夠勝任的人選來幫忙。這麼做比較聰明，而且長期下來，不僅獲益更多，更能省下許多不必要的時間浪費。唯一會出問題的只有，我不曉得、或不願意承認自己對某件事不在行。

你可能真的對某些事很在行，對其他事真的極不在行。那又如何？你何必浪費時間跟自己不在行的事情奮戰，而讓自己大感挫折呢？這並不表示你無法學得新技藝，或改進現有的技術，而只是建議你把時間花在你最擅長，以及對你的成功來說最重要的事情上。做既沒樂趣又不在行的事，很容易讓自己陷入泥沼，感到挫折。當然，這些工作必須被完成，但不一定非得要你親自去做不可。

要是你每天多花兩三個小時在你真正喜愛，而且真正擅長的事情上，會有什麼結果呢？你的生產力、創造力和潛力又會發生什麼變化呢？不試試看，你永遠不會知道。但我可以向你保證，對我和許多我所認識的人來說，這個簡單的概念，絕對是一個為你帶來豐厚收穫的絕佳建議。

09 做你真心喜愛的工作

瑪莎．席聶塔所著的一本很棒的暢銷書提醒我們，《做你所愛的事，財富自然會滾滾而來》（*Do What You Love, the Money Will Follow*）。這本書會如此受歡迎的原因，是因為它提醒了一件我們本能上已經知道的事：當我們對自己所做的事情懷有熱情時，成功自然會隨後而來！

對生命以及自己的工作充滿熱情，是成功及致富的關鍵要素。熱情是擋不住的，它是啟動精力、創造力和生產力的重要態度。當你喜愛自己所做的事情時，不成功也難。你周遭的人不但都見到了你的熱忱，也會深受感染。

想要在工作中創造熱情，過程中的一項重要步驟，就是選擇你真正喜愛的工作。這麼做通常需要許多的勇氣，才能做出有自覺的選擇。改變生涯方向，或嘗試新的事物，不論我們多麼「想要」這麼做，可能都是挺嚇人的決定。畢竟，我們大部分人都被教導要相信，走踏實的道路才能得到安全感。

恐懼擁有強烈的破壞力，能阻止我們追求夢想。不過，大部分的成功人士也常常面臨類似的恐懼，但他們並不害怕恐懼，而是選擇去克服這些恐懼。我有一位客戶說過：「我終於問了自己這個問題，這究竟是誰的人生？當我無法回答這個問題時，便曉得自己必須有些什麼改變了。」

我自己也有一個小故事，可以強調這個策略。許多年前，我選擇了平順的道路。大學畢業之後，開始修企管碩士；問題是，我受不了了，我害怕每門課程，而且也心知，這沒有遵循我的夢想，這不是我想走的路。雖然內心極為害怕，但我還是決定離開，而且沒有再回去，決心遵循上天賜給我的福分，而非先前規劃的生涯。這是我這一生最好也最重要的決定。

重要的是問自己：浪費時間做不喜歡做的事情，究竟能有多平順？你能把你所害怕的事情做到多好的地步？你的思想有多少創意和原創性？多走一哩路，或往偉大的境界邁向一大步，有多容易？這些問題的答案顯而易見：沒有了熱情，成功的機率渺茫；你若不是苦苦掙扎，就是完全精疲力盡。而當你充滿工作熱情時，結果則完全相反。當你追隨自己的心，當你發現真正滋潤靈魂的是什麼時，富裕喜悅的人生就在前方不遠處等著你了。

10 改變，需要勇氣！

在《成功絕非意外》（*Success Is No Accident*）這本美妙的著作中，作者萊爾．李貝若博士（Dr. Lair Ribeiro）寫了一段很有道理的話，而且這段話不斷在歷史中重複得到印證。他說：「如果你繼續做你一直在做的事，就會繼續得到同樣的結果。」

這是多麼強烈的訊息啊！有時候，為了在生活中創造正面的事情，你需要在做事的過程中做些改變。這個世界可不會突然改變情況來酬謝你；相反地，你必須改變自己處理某些挑戰的方式。

我見過太多根本不願改變的人，即使他們目前的努力並未奏效。人們害怕改變，有時候甚至為自己的侷限辯護：「我向來如此」或「我不是那塊料」或「我向來都有不同的作法」。不過，如果你對某件事就是做不來，那像這樣的聲明既無用也幫不了你。重要的是要記住，若是繼續這樣下去，你將會繼續得到同樣的結果！

或許你不是那種願意向朋友和他人求援的人，甚至對此引以為傲；然而，有時就是需要向外求助才能成功。如果太頑固，堅持「我不能那麼做」，就很可能會錯過一個大好機會。

還有無以計數的例子顯示，不願嘗試新事物，或是不願嘗試不同的作法，可能會妨礙你達到成功的機會。把你的頑固事項列個清單：生活中是否有什麼地方，只因你向來只這麼做，就理所當然繼續這樣做下去？

「保持開放的心胸」無疑是一句過度濫用的話。然而，我們當中很少有人真的保持開放的心胸。相反地，我們總是固守古老陳舊的陋習。如果能拋開恐懼，拿出勇氣來改變，我想你就不用再繼續面對同樣的後果了。

11 好名聲永遠替你加分

我想你可以說這個祕訣的用意在於「不要斷了後路」。別人對你的感覺可能是成功的關鍵要素，在任何情況下，當人們對你有好印象時，就會大力支持你，在你所做的所有事情上面，給你一個道德上的、應得的好處。但這並不表示你應該假裝成一個不像你的人，而是要你瞭解，你的存在、行為、正直和仁慈，將會在你周圍的人心中留下一個不可抹滅的印象。

我曾經聽過肯．布蘭佳（Ken Blanchard）的錄音帶，叫作《瘋狂粉絲》（Raving Fans）。在錄音帶中，他透過創造那些不只喜歡你的產品或服務，而且真正為你「瘋狂」的顧客，來強調讓自己引人注目的重要性。這項策略可以說是創造瘋狂粉絲的真人版。當人們想起你的時候，你希望他們真的想跟你做生意，願意花時間來幫你。讓顧客、客戶、同事，甚至競爭者，看重你，並且向他人推薦你。

做這件事的方法很簡單：讓自己活得正直與仁慈，成為生命中絕對優先的準則。盡可能把他人放在第一位，要真心對他人的生活感興趣，真的把當下的注意力放在他人身上，直視他們的眼睛，專心聆聽他們在說什麼，關心他們，問候他們的家人，並且永遠要懂得傾聽。

最後，把你的善意化為行動表現出來。不要做沉默的大眾，要做那位感謝你的顧客以及同事的人。如果合適的話，不妨送一張謝卡或紙條，甚至送些花；讓人們記得你美好的一面。

如果用你自己的獨特風格來實踐這個方法，如果你的想法和行動都出於真誠，那麼長期下來，你將會在每一個人心目中，留下「萬中選一，難得一見」的好名聲。人們將會擠破你的大門，只為了有機會與你共事，或與你相處。還有，你的人生將會充滿比你所想像的多更多的喜悅及慈愛。

12 真正富有的人，從不擔心錢不夠

培養財富自覺是本書的主題。有財富自覺表示你完全沒有金錢方面的憂慮，你總是覺得有足夠的金錢可以流通。真正生活富裕的人從不擔心錢不夠，他們曉得創造財富是他們心之所欲的事情。

擔憂讓我們心有束縛，難以喜悅。在掙脫恐懼的枷鎖以前，我們永遠無法真正得到自由；可是一旦掙脫之後，人生就會完全改觀。沒有憂慮的人生，就是充實、富裕的人生。

我們也會擴大注意力集中的範圍。如果我們浪費心理能量去擔心，那就很難，或甚至不可能去創造龐大的財富。恐懼阻擋了我們的創造力，將自己困在現狀之中。換句話說，恐懼「干擾」了我們的創造。

相反地，如果我們能夠免除煩憂，保持財富自覺，金錢就會源源不絕地流向自己；我們真的會創造出讓金錢流向自己的方法，我們的天線將會搜索令人興奮的嶄新機會，也會敞開心胸去擁抱這些機會。

財富自覺最重要的一點，可以用一句格言來做總結：「不要本末倒置。」千萬別搞錯

順序，要把財富自覺擺在最前面！並不是當你變「富有」時，你才突然發展出財富自覺。順序是倒過來的，你藉由消除憂慮，藉由信任宇宙及你自己的內在資源，而培養出財富自覺。一旦保有財富自覺，真正的富裕就在眼前了。

13 冷靜，能讓你獲得更多靈感

不要行動，單純地等待一個答案。在這個快速變遷的瘋狂時代裡，大部分的人如果不主動做些什麼事，就會感到恐慌，即使你所做的那件事蠢到沒生產力，又沒用處。大部分的人都因為過於忙碌，而無暇看見或聽見自己的智慧。

我們的心靈中內建有許多豐富的智慧，天生具備常識，可以提供自己解決之道、靈感和指引。問題是，我們必須靜下來才能聽見它，我們必須等待啟示。

要取得天生的財富，必須要有謙遜的態度和良好的習慣。有時我們得承認「不知道該做什麼」。我們必須保持耐心，相信這些值得等待。承認你此刻「不知道答案」的這個簡單的行為，將會活化你的內在智慧；只要願意等待，那份潛藏的靈感與智慧就一定會適時出現，而且在大部分情況下，它來得相當快。

不是常常，但是有時候，你的心需要幾分鐘，偶爾還要更久一點，才能開發出最恰當的答案。不過，你得到的答案將會讓你大吃一驚，使你樂不可支。你的思考和本能都將因此而提升到一個全新的境界。

14 瞭解自己獨一無二的做事習慣

層疊順序這個觀念，是一位成功的電腦顧問向我引介的，結果這個觀念帶給我很大的幫助！基本上說來，這個觀念是為了幫助你釐清，在某個時間內，可以同時勝任多少工作，或多少計畫。我一再目睹相當能幹的人失敗，只因他們（或他們的老闆）沒有認真考量這個觀念。

我們都有不同的長處及短處，可是除此之外，在最理想的工作步伐上，我們各自有獨特的習慣，在某段時間內，可以處理的事務或計畫也都有所不同。

有一個例子可以讓許多人聯想到這個觀念，那就是他們個人的閱讀習慣。有的人喜歡一次讀一本書。他們享受著每一頁，在全部讀完以前，甚至不想拿起別的書。有的人則恰恰相反，他們喜歡同時讀五、六本書；他們這本書讀一、兩章，就放下來，可能好幾個禮拜以後才會再拿起來。如果你強迫人們忽略他們的閱讀嗜好（他們的層疊順序），你就會破壞他們自然的節奏，毀了他們的閱讀經驗。他們的理解力也會降低，樂趣更會因此而消失。

我們的工作也很類似，儘管大部分人從沒想過這會是個因素。相反地，我們總以為每個人的工作步調都應該一致，也應該或必須跟別人有同樣的活動量。

我自己偏好的「層疊順序」是同時進行三、四個計畫；這表示我很習慣一邊寫一本書，一邊促銷另一本，同時也寫其他的文章，每個月還做幾次演講。如果我一次只做一個計畫，根本不夠我忙，我會失去重心，感到有點無聊，有點不耐煩，最後這項計畫的結果也許就不會特別好。

我喜歡每天在一個計畫上工作幾個小時，然後再做點別的。這或許不是正確的作法，但卻是我獨特的方式。許多人以為我瘋了，這些年來我聽過許多人說：「你怎麼能完成這麼多個計畫？」別人之所以覺得瘋狂，是因為他們的層疊順序不同。如果我想嘗試他們的作法，我才會抓狂呢！

其他人喜歡一次只做一件事，他們全神貫注在自己所做的事情上，直到完成為止，接著才會著手進行別的計畫。如果這些人一次進行太多事情，他們會崩潰，開始顯得笨手笨腳。事實上，許多時候，如果這些人不必同時做太多事（例如，只想一、兩件事或問題或計畫，而非十件），他們就會看起來像個天才似的。

當然，有些時候你就是無法按照自己偏好的步調做事。你可能喜歡一次只做一個計畫，卻被迫要同時兼顧六、七個。但是，即使在這樣的情況下，瞭解自己的層疊順序，還是大有助益，因為你可以想辦法組織你的工作，擴大你的潛力。你可以為每一項工作創造一個人工「時區」，例如，你可以全心做一個計畫做三十分鐘，完全不去想別的，然後，休息五分鐘，之後再開始做第二個計畫，不要來回跳來跳去，每次專心做好一件事。

我希望你會慎重思考自己的層疊順序，這麼做可以讓你發現最適合自己的步調，才能真正實現財富創造的意義。

15 由內而外充滿正面能量

你可以長時間賣力工作，創意十足、聰明睿智、才華洋溢、屢有洞見，甚至好運連連；但是，如果你無法在創造過程中，瞭解自己想法的重要性，一切終將落空。

在成功、財富及繁榮的創造中，最重要的因素來自於你的內心，也就是你的想法。如同詹姆斯·亞倫（James Allen）在《當人思考時》（*As a Man Thinketh*）裡面提醒我們的：「堅持著一串特殊的想法，不論是好是壞，都不可能不對性格和環境產生一些影響。人無法直接選擇環境，可是他可以選擇自己的想法，如此必能間接形塑他的環境。」

如果你能夠窺探成功男女的內心，你便會發現豐富的正面能量——成功及富裕的想法，而且毫不猶豫。為了創造外在的財富，你必須先創造繁榮的念頭，必須看見自己成功的模樣，成功地在心中預演你的夢想和抱負。

我們很容易說服自己，只要嘗試過成功後，就會變得更篤定，想法也會變得更純粹，與成功之間的聯繫也會變得更緊密。不過，這顯然是本末倒置的想法。想要致富，最快、最有把握的方法，就是由內而外進行創造。

思想具有莫大的力量，使用你的想像力來創造夢想，巨大的轉變就會隨之而來。詹姆斯．亞倫也說過：「讓一個人遽然改變他的想法，也將使他對物質生活的快速轉變大吃一驚！」

我認識許多各行各業的成功人士。雖然各有不同的才華、氣質、技術、工作道德和專業背景，但卻都有一個共通點。這條共通的鐵律就是，他們都覺得自己很成功。他們從未質疑過這個事實，無法瞭解為何有人會質疑自己的偉大程度，也很難瞭解別人為何無法成功，因為對他們來說，成功的祕訣很簡單：成功源自於內心，然後再將這個想法轉換落實到物質世界。它不像許多人所相信的，是倒過來的，成功人士知道，在人生中他們可以控制的一個層面，就是自己的想法。我們都擁有這項優點，所以就讓我們從那裡開始吧！

16 沉默，讓問題沉澱下來

工作（和生活）有一種傾向，一種想要主動參與創造過程的傾向。我們想知道答案，想猜出下一步該做什麼。我們想要找出成功之道。不過，在許多時候，我相信大部分時候，答案並非來自設計好的、以記憶為基礎的思考，而是來自內心的沉默。事實上，我親眼目睹許多人（我自己也是）由於過度分析一個情況，而偏離了成功之道。

你有沒有注意到，當你在心思沉澱、沉著靜默時，就知道自己該做些什麼？沉默並不表示關上了你的心智，而是讓更深層的聰明才智更活躍。沒有人確知深層的聰明才智來自何方，或者叫作什麼，但是你能確定它的存在。這就好像我們的想法是自己浮現的，而非我們主動去追求來的；我們似乎可以從「宇宙的思考」中獲得好處，而不必依賴自己有限的思考。

學習信任沉默很簡單，因為，當你這麼做時，結果是如此壯觀。你一旦學會之後，你的人生將會變得更容易，更沒有壓力。下次你需要一個無法立即得到的答案時，不需要再絞盡腦汁，試著做一個實驗。不要主動去想這件事，隨它去。你唯一需要知道的，就是瞭解這個麻煩或問題的核心。

讓問題沉澱下來，彷彿水中的淤泥一般。當你這麼做時，奇妙的事情就會開始在你的意識中產生。某個超越你、無法控制的一個思考次元，會忽然打開來。就像爐子上正在悶燒的鍋子一樣，這個麻煩或問題開始冒泡。到時候（或許只要幾分鐘，幾小時或者幾天，全視問題而定），答案就會自然在腦海中浮現。

沒有掙扎，不必努力，它就這樣發生了。你或許會大吃一驚，但肯定會樂見智慧的浮現。不過，要小心，別把自己看得太重要，因為你經驗到的智慧不是出自你，而是來自沉默。

我猜，我大概洩漏天機了！

17 先存兩年的生活費

從表面上看來，建議你節省一年或兩年的生活費，似乎跟這本書的概念——不要憂慮——恰好相反。畢竟，節省是為了預防萬一，這不正是建立在憂慮和恐懼上嗎？關於這點，就看你自己怎麼想了。

好幾年前，我聽過一位超級成功的財經專家解釋，他曾經在致富前，為自己做過最重要的一件事，就是存下兩年的生活費。雖然，這需要極大的犧牲、紀律、辛勤工作和耐心（他足足花了五年才存下這麼多錢），但這麼做卻讓他得到莫大的回收利益，尤其是在心靈方面。基本上，這麼做給了他極大的安全感，如果沒有這項經濟保障，他根本很難得到所需要的冒險自由。道理很簡單，攢下幾年生活費，讓他免去了憂慮，可以追求夢想和有趣的機會。

我聽過一個故事，有一個男人在七〇年代早期，在一家有潛力而令人興奮的電腦公司得到了一份工作。由於他採取了儲存大筆積蓄的策略，所以可以毫無所懼地接受這份工作，包括相當少的底薪和一大堆的公司股票，以及自由買賣指定股票的權利。他沒有任何顧慮，如果這項冒險成功了，那就太棒了；如果沒成功，至少也是一個寶貴的經驗。

不過，這個人並非這項工作的第一人選，另一個人才是第一人選。但是那個人沒有任何積蓄，他極度聰明又有才氣，還有一份高薪，可是就像大多數人一樣，他的生活完全仰賴薪水，他有一大筆房屋貸款，他和他的妻子都開昂貴的車子，他們喜歡精緻的餐廳，四個小孩都上私立學校，他們幾乎花光所有的收入；因此，雖然這份工作聽起來好像是他這一生中最好的機會，但他還是決定婉拒，因為太冒險了！他太擔心了。事後回想起來，他說：「如果我早年養成存錢習慣的話，就不會有後顧之憂，我肯定會接受那份工作。」

長話短說，接受這份風險的那個人，在十年內累積了巨大的財富。他的冒險心使他變成了千萬富翁。而另一個人，那個也想要可是卻太擔心的仁兄，至今六十好幾了，依然靠著薪水過日子；他的機會因憂慮而大受侷限。

這個故事的教訓很清楚：除非你是天底下最幸運的人，否則想要創造財富，通常需要冒一些風險。不過，如果你徹底依賴一份安全、固定的薪水過日子，如果會因為少了一個月的薪水而感到恐慌，那你注定要錯過許多大好機會了。

下面這些都是值得犧牲的：減少假期、開一輛比較便宜的車、住比較便宜的房子、節省衣物開銷、少出遠門去玩幾個晚上，還有減少一些奢侈品，甚至必需品的開銷，就可以換來銀行中的兩年生活費積蓄。

驚人的是，當你的生計無須仰賴日復一日的努力時，你會更有創造力，更有進取心、更願意體驗與眾不同的機會。所以，從今天開始儲蓄吧；幾年後就可以花用，或者捐出去。事實上，你將可以隨心所欲地去做你想做的任何事。

18 別讓自己困在資料堆裡

通常人們感到憂慮或害怕時，他們會開始把注意力放在諸多相關資料上，以努力緩和焦慮，來讓自己覺得好過一點。這個假設是：「如果我能想通這一切，事情就可能會好轉。」所以，憂慮的股票經理人會盯著電腦螢幕搜集資料，而不是打電話和賣股票。企業經理會研讀報告和財務報表，卻避免採取可以讓工作運作得更平穩、更聰明的行動。不敢出去或不敢打推銷電話的推銷員，或是害怕遭到拒絕的人，會浪費無數的時間閱讀銷售資料，或郵寄廣告資料，可是卻不願意出去冒險、打電話或開口推銷。「收集資料」或許可以滿足他們的好奇心，或可以多爭取一些時間，可是實際上它對結果卻沒有多少正面的影響。

當然，想要合理化我們的舉動、決定，以及花時間的方式是很簡單的，尤其是感到害怕時。我們總是可以合理化自己所做的事，說這些事是必要而重要的，我們可以告訴自己可以使用的資訊越多越好，對不對？有時候這是真的，但並非總是如此。

當資料多到超過一定程度後，它可能就會變成妨礙出門去賺錢的因素。太多資料會說服我們，「實在太忙了，無法去做成功所需要做的事。」；它可能會說服我們，「這樣的行為太冒險了，太不成熟了。」當然，有時候我們是對的，但這是例外，而非常態。通常，太多資料會讓我們的腦中充滿憂愁、恐懼的念頭，讓我們無法到達自己想去的地方。我最喜歡引用這句話：「如果我們出發前必須克服每一個可能的障礙，那麼，沒有任何事——絕對沒有——可以完成。」我發現，在我們出發去做該做的事之前，若是收集過多的資料、對同一組事實過度左思右想，通常只是鼓勵自己變得過分擔憂而已。

下次，當你發現事實和深思熟慮的資料，充滿腦海時，請退後一步，看看自己所做的事是否能夠真的有幫助，讓事情變得更好；或者，你只是在拖延腳步，不去做真正能成功致富的事？一定要對自己徹底誠實。或許，應該做的不是研究事實，而是拿起電話打出去。你很可能已經有你所需要的資料了，做出停止憂慮的簡單決定，是現在就可以開始的最重要動作。

19 一邊工作，一邊吹口哨

當你表現出樂在工作時，神奇的事情就發生了：正面能量不僅能幫助你，也幫助了你周圍的人。正面的態度為工作帶來創造力和活力，它創造了和諧與喜悅的節奏，讓你充滿好奇，有興趣，並一心一意地投入在你的工作中。

我最喜歡的一篇史奴比漫畫，就是查理．布朗垂頭喪氣的時候。他感到沮喪而垂頭喪氣時，他向萊納斯解釋，如果你想要沮喪，重要的是要有沮喪的模樣；你的負面姿態真的可以幫助你保持低潮。他繼續進一步解說，但如果你抬起頭來微笑，就會讓你脫離低潮，心情變好！

一邊工作，一邊吹口哨，也是同樣的道理，只不過這屬於相反的心態。當你感覺自己的工作是一種特權時，你根本就不可能感到沮喪，不但不會抱怨連連，還會注意到自己對工作和生活的喜愛之處。當你的心態處在正面時，也會有高遠的觀點；你比較不會專注在工作的不悅和討厭之處，反而會更注意愉快而滋養的層面。

你的好奇心也會促使你看見新的可能，以及做事的新方法，它會讓你的思考保持新鮮靈活、活潑有趣。你身旁的人也會受到感染。他們會更能夠提供你真實的、正面的回饋，他們真的會傾聽你要說的話，也會比過去更欣賞你。你以前想獲取的一切多半都會一一浮現，而這一切全都是從微笑開始的。

就從今天開始，看看你是否可以把「一邊工作，一邊吹口哨」的態度，融入日常生活之中。你會注意到，焦躁和嚴肅立刻轉變成了輕鬆和喜悅。

創造財富是一個喜悅的過程，現在就輕鬆一下，找點樂趣吧！

20 你值多少錢，就收多少錢

我認識一位朋友，她是那一行裡面最出色的專家，跟她共事的人似乎都有同感。既然如此，她的收費為何比那些比她還沒有經驗、沒有技巧的競爭者，少三〇％到四〇％的價錢呢？她的問題當然是恐懼。她不切實際地擔心，如果收費高一點，就會失去客戶，以及失去收費公道的名聲。她像許多人一樣相信，自己成功的主要原因是「合理的」收費。

這真是無稽之談！她之所以門庭若市的原因，是因為很擅長那份工作。說實在的，她大可以加倍收費，還可以留住大部分的客戶。有句老話不只適用於貨品的銷售，也適用於過低的服務收費：如果你在每個交易上都損失一分錢，你就無法大量累積收入。

專業服務收費過低，往往會產生一些嚴重卻不自知的問題。在這些問題當中最嚴重的大概就是，收費過低讓你錯誤地排滿了行程，因而沒有時間和精力去做對自己最有利的其他活動，那些幫助你創造你渴望的財富的活動。

我們來做一個簡單的算數。例如，我的朋友平均每天服務六位客戶，每週工作六天。當你納入包括訂約、開車、排行程、保險、帳單和其他因素後，每位客戶幾乎占去了她兩個鐘頭的時間。從實際面來看，她需要所有的收入才能平衡收支。

她這些年來一再拖延的目標，就是重回學校去唸書。但她卻抱怨：「我沒有時間。」我的看法是，倒因為果！她可以有時間回歸校園。這是她的夢想，財富當然來自於追隨夢想。

為了方便說明，我們假設她（象徵性地）從五十美元加倍調高到一百美元；我們也假設她抬高價碼以後，真的嚇跑了一些客戶。為了說明重點，我們假設最糟的情況是，有一半的客戶跑掉了！看看會發生什麼事：第一，她還會賺到同樣多的錢，卻只要花一半的時間！只要做一個無憂的決定，她立刻就可以撥出時間來追求她的夢想，回學校去讀書！

可是，等一下，它還可能更好。留下來的客戶都是有能力付出較高費用的。因此，他們轉介來的客戶，同樣也付得起她的收費。她會建立對工作的全新觀念，這個觀念可以讓她無憂無慮地享受工作，繼續提供客戶有價值的服務，而且得到自由與喜悅去追夢想。

我不是在鼓吹你隨便漲價或貪得無厭；我的意思也不是說，抬高價錢都是合理或必須的。不過，我也發現，由於恐懼和憂慮，許多人低估了自己的服務或產品。不幸的是，這可能會讓你陷入失敗之途，因為你的時間和精力做了不必要的付出，讓你看起來很忙，而且也感覺很忙，然而這份精力卻只有一小部分用在創造財富上。我的建議是，你值多少錢就收多少錢。這項實際而有自信的收費策略，能讓你不再憤恨，更能讓你直接朝夢想邁進。

Part 02 助力

神般的對手與豬般的隊友

21 找一個比自己更棒的幫手

如果你想談一個百分之百能讓自己減少憂慮的策略，這條就是了。雇用好幫手是成功的關鍵。基本上，雇用好幫手是指雇用比自己更優秀、更適合的人，與他一起合作。

沒錯，就是要找一個比你更好的人。

我們不難想像，很多人不願採行這個理念的原因，在於「恐懼」。這個恐懼是害怕「我會被取代」，或「別人可能會比我更厲害」。

你是否曾經納悶過，為何有很多事業，運作得彷彿沒人知道他們在做什麼？有時候，答案就是真的沒有人知道他們在做什麼。就拿一家典型以恐懼為基礎的小公司為例，想像經理負責雇用工作人員時，如果害怕被取代或是被搶走鋒頭，他可能會雇用聰明才智和能力都遠不及自己的人，甚至不曉得這項不為人知的企圖，會讓生意一蹶不振，而這樣的作法的確會造成這個結果。過去他被雇用的原因，不是因為擁有經營事業的長才，而是他為了建立一個成功事業所付出的努力；可是他卻讓自己處於一群能力不如己的人當中，因為她相信只有這樣，才能夠鶴立雞群。像這樣建築在恐懼基礎上的事業，註定要失敗。

自由工作者通常也很容易落入這個陷阱。「我自己來做比任何人都做得好」，這是基於恐懼的愚蠢聲明。浪費時間去做別人可以做得更好的事，實在很荒唐，因為你的時間應該花在真正擅長的事情上才划算。事實上，沒有人樣樣精，但大部分人都有自己的專長。舉一個簡單的例子來說，不管你做的是什麼工作，如果可以每小時賺五十元美金，那麼你就應該一直做下去，並且另外再雇一個人來做整理帳務等費時的工作，這樣你就不會浪費寶貴的賺錢時間，而且大概也會比親自動手更有條理。

一位事業有成的朋友開玩笑說，他沒有辦法那麼「奢侈」地從舊金山開車到太平洋西北地區，儘管當時的機票很貴，他寧可付錢給航空公司去做他們擅長的事——將他快速送到必須去的地方——也不願意開十二個多小時的車，來錯過成功和建立事業的機會。

當你拋開憂慮，雇用比自己更好的幫手之後，神奇的事就會開始發生。你不會再自阻道路，而能讓成功自然顯現。我的生涯轉捩點，就是明白雖然自信自己是一位優秀的作家，但卻不一定是一位出色的編輯。所以當我拋開編輯可能會改動我的中心思想的恐懼後，我便開始嘗試跟不同的編輯合作。我開始「雇用更好的幫手」。你猜結果如何？他們並未更改我的中心思想，只是加以改善；最棒的是，一位好編輯只消在短短的時間內，就能將我寫的東西整理好，省去我苦苦掙扎的時間，讓我有更多的時間去做擅長的事。

當你拋開恐懼時，你就會發現，願意向外求援必能得到回報。你不但不會丟掉飯碗，還會因為事業有成而獲得肯定。事實是，如果你可以無憂無懼，誠心為公司的利益打算，你就會成為帶領公司成功，不可或缺的一分子。如果為了某種莫名其妙的因素，讓你的誠心努力沒有受到賞識和回報，那麼別懷疑，這並不是好的工作環境。別擔心，當你想到「雇用好幫手」這個觀念時，另外一個更好的機會就在不遠處了。

在我的定義裡，優秀的企業家就是一位能夠透過自己和別人的努力，而達成預定目標的人。何不雇用個好幫手來提高工作水準呢？你的工作品質將會大大提升，收穫也將不同凡響。

22 主動交流的成功機會無限大

在工作和生活中，我們大部分的時候都處在兩種心理模式之下：被動反應和主動交流。被動反應模式就是感到有壓力時的模式。在被動反應中，我們感到壓力，而且容易驟下判斷，我們失去正確的觀點，以為事情全是衝著自己而來；我們感到生氣、惱怒和沮喪。

不用說，當我們處在被動反應的心態下時，判斷力和決策力會受到嚴重的影響，我們會一時衝動做出事後後悔的決定，會讓別人惱怒，並激出他們最糟的一面。當機會來敲門時，我們常因為太衝動、或太沮喪，而看不見機會；即使看見了，也往往抱持著負面看法，並過度批評。

相反地，主動交流模式是我們最放鬆的心理狀態。主動交流表示有自己的立場，看到的視野比較大，也比較容易保持客觀。不但不僵化頑固，反而靈活冷靜。在主動交流的模式裡，我們處在最佳狀態，會激發出別人最好的一面，優雅地解決問題。當機會降臨時，我們的心是開放的，能接納豐盛富足。

你一旦察覺這兩種天壤之別的存在模式後，就會開始注意到自己究竟處在哪一種狀態之中。也會注意到，當處在任何一種模式時，都可以預測自己的行為和感覺。你會觀察到自己在被動反應模式中的情緒化與負面思緒，以及主動交流狀態時的冷靜與睿智。

只要察覺你的心態有不同的運作模式，就可以打開改變人生的大門。當你一落入被動反應心態時，你自己就會注意到、感覺到自己的不耐煩。發生這種情況時，只要對自己說：「哦，老毛病又犯了。」或是有同樣效果的話，任何單純的承認都有效。你將會發現，當你注意並承認自己在被動反應情緒中，再加上你瞭解在任何情況下，處於主動交流模式中才對你有利，這樣你自然能夠迅速脫離被動反應模式，進入更主動交流的心理狀態之中。

主動交流的心理狀態是成功的沃土；當你的內心澄明而放鬆時，就鋪了一條通往富裕和喜悅的道路。你花多少時間在主動交流心態上，跟你的成功程度，兩者之間有直接而清楚的關係。你越能避開被動反應模式，機會就會出現得越多。從現在開始，使用主動交流的力量來創造自己的成功吧！

23 和成功人士當朋友

暢銷書《沒有風險的財富》（*Wealth Without Risk*）的作者查爾斯．吉文斯（Charles Givens）曾經說過：「如果你想知道賺取金錢的祕訣，就要跟有錢人學。」所以，雖然許多人身旁都有「成功」人士、理財「專家」，以及比自己富有的人，但是卻心生膽怯，擔心這些成功人士不願意浪費時間跟他們分享心得。事實上，恰好相反，有成就的人最喜歡別人對自己的成功感興趣，他們樂意與人分享智慧、點子或商業機密。這讓他們感到有人重視、需要他們。

我在這個世界上最喜歡的兩個人都極為富有。一位是白手起家，另外一位則是繼承家產。這兩個人都非常樂意坐下來，跟我或任何請益者，分享他們的想法。不過，有趣的是，兩人都異口同聲地表示，極少有人鼓起勇氣向他們請教。多浪費啊！我個人大概認識超過一百位以上的超級成功人士，但我想不出有哪一位不樂意別人上門討教的。

我在其他著作中曾跟某些十分著名的成功人士合作過。當人們問我：「你究竟是如何說服他們參加的？」他們通常會對我的答案感到震驚。我坦白回答：「我只是邀請他們而已。」你可能很訝異，竟有這麼多人願意幫忙；他們包括了事業有成的雜貨商店老闆、頂尖的保險員、知名的作家、醫師、律師或優秀的教師。大部分人都想要，而且也願意提供建議。事實上，要求某位你心儀且敬重的人，請他們提供回饋和點子，是對他們最大的恭維。

雖然不是全部，但是大部分高度成功的人士，不論各行各業，都很樂意提供幫助；反而是那種一心一意只想爬上巔峰的人，才是內心最恐懼、最沒有安全感，或最不願意為別人引路的人。如果你要求幫忙或建議，卻被拒絕了，沒關係，下一位一定會樂意伸出援手。

如果你想要絕佳的建議，以免鑄下大錯，那就去尋求幫助吧；去和贏家為友，不要再去找你的查理叔叔了，除非他本身也是成功人士。

總之，想成功，就直接攻頂吧！

24

永遠帶著感謝的心意

嚴格說來，人生能確定的事沒有幾件，不過，偶爾我們還是會碰到一個絕對的真理。這就是其中之一，而且是值得記住的一個：只要我們真心誠意地感激，別人就會喜歡，並且會記得。這不但讓別人心情愉快，還能鼓勵他們再次幫助我們，並鼓勵別人也這麼做。

記得當面道謝，或用一張感人的紙條、一個感謝的姿勢或電話來表達感謝，懂得感謝的人絕對比那些不懂得感謝的人，更有機會再次得到他人的幫忙。這個道理非常淺顯，但是真正瞭解的人卻少之又少。

人們天性善良；大部分的人都樂於助人，願意對人伸出援手，予以協助。大部分的原因是，人們喜歡被記住或被視為樂於助人的人，或被視為某種重要、慈愛的指引者。不過，從另一方面來看，這是因為人們喜歡被認可，欣賞和感激。人們喜歡受人感激，這不是出於任何自私的需求，只是因為被認可的感覺很好。

當我收到真心的感激時，感激強化了我們做對事的想法，因此，我們會想再繼續做這樣的事。由於人們喜歡伸出援手去幫助他人，所以如果我們感謝他們的付出，這會更促使他們去鼓勵別人也來幫助我們。當我們記得感激他人的善行時，人生也將變得無比輕鬆。

在我的事業和人生中，許多好人曾經上前對我伸出援手，不論是我自己請求幫忙，或是別人的主動幫忙，我總是不忘表達我的感激之意。雖然我感謝別人從不奢求回報；但我卻發現，由衷地感激別人，保證你會得到更多的援手。

沒人願意被視為理所當然，我們都喜歡獲得別人的感激！下一次你做了好事，或幫了別人一把，記住別人感謝你的當下。雖然不需要別人的感謝，你通常也會再次幫助別人（有小孩的人都知道這一點），但我敢打賭，你會發現自己更樂於去幫助那些懂得表達謝意的人，這當然也是喜樂人生的祕訣之一。不斷地表達謝意，必將獲得成功、富裕及幸福。

25 主動開口就能心想事成

《心靈雞湯》（*Chicken Soup for the Soul*）的作者傑克・肯菲爾德（Jack Canfield）和馬克・維克特・韓森（Mark Victor Hansen），稱這個簡單的策略為「阿拉丁因素」（The Aladdin Factor）。只要提出你內心想要的要求——協助、加薪、原諒、點子、另一次機會、休息或任何事——就能得到驚人的成果。不但只要開口就能得到想要的，而且所要求的對象通常還會感謝你的主動提出。

如果要求想要的事情是如此有用且重要，那麼我們為何很少這麼做？答案肯定又是因為害怕。我們擔心後果；害怕遭到拒絕，或是得到負面的答覆；可能害怕得罪別人，或被視為軟弱，或被誤會是在利用自己的人際關係；甚至可能覺得自己不值得別人協助。為了無數的理由，我們讓過去的負面經驗，或自己製造出來的恐懼，阻礙了眼前的大好機會。

好幾年前，我領悟到自己最大的資產之一，就是擁有樂於助人的意願。有好幾百次，我回電話給完全陌生的人，或是寫信回應他們的問題。對朋友和家人，協助的意願就更高了，只要有空、有道理，都會趕去救援。我明白助人、提供協助、給別人一點恩惠，感覺到有人需要你，是人類深刻而重要的需求，被需要的感覺很美妙。

因此，我明白其他人大部分也有同感。儘管我們還是有恐懼和顧忌，但去認定別人並不樂於助人，其實是相當自大且自以為是的。我並非世上唯一的好人。我究竟在想什麼？向別人要求某個東西，不論大小，關鍵在於真誠相信他人的內心深處，也樂於助人。提出要求時，必須假設你所求助的對象就跟自己一樣，內心也渴望幫助別人。

這個關於他人好意的簡單見解，大幅加快了我邁向成功之路的速度——同樣的情況也會發生在你身上。這表示我不用再事必躬親，不必獨自發展我所有的想法和計畫，許多人都很樂意加入來提供他們的專長、協助及建議。

今天，當我請某個人坐下來跟我分享一個想法時，通常可以激發出更多點子，並且回過來又幫了他們，這也就是所謂的種善因得善果。那些願意幫助別人的人，總是會在其他地方得到回報。當然，我並不是要你去占別人的便宜，你要是這麼想的話，就完全誤解了這項策略的用意。你的判斷力會阻止自己這麼做。一旦消除向人求助的恐懼時，你的智慧和常識將會教導你何時開口，以及如何開口。

不要害怕向人求助，當你向某人求助，其實是給他們一個機會，給他們一個恩惠，讓他們感覺有人需要自己。從今天開始，擦亮你的神燈，一同來實驗神奇的阿拉丁魔法吧！

26 出色的隊友永遠是成功關鍵

你大概已經曉得，不合適的隊友（不管是工作上，或個人的）可能比沒有隊友更糟。贏家組合的價值等同於黃金的重量。不過，有時候，恐懼會阻止我們去尋找最佳拍檔，組成必勝團隊。

許多人擔心自己必須跟別人分享利益、決策權，或是隨著計畫和生意而來的特權。害怕的心態當然不會允許我們去做這種事，最好的辦法還是去克服這個恐懼，這樣你才會知道，組一對贏家組合是否比較符合你的利益。

決定一個隊友是否適合你，有幾個重要的考慮因素。如果合夥中的成員基本上都做同樣的事，那麼，不可避免的，一定有一個人會比另外一個更辛苦也更投入，通常，那個人就會開始憎恨自己必須老拉著另一個隊友前進；同樣地，被拉著走的那一方也會憎恨另一個人的催促。這樣的情況通常不會造就所謂的贏家組合。

例如，兩位辯護律師合組法律事務所，到了年底，其中一位可能會懷疑他從合夥關係上得到了什麼好處，畢竟，每一位都有能力做對方的工作。可是，如果一位辯護律師和一位公司律師合夥，通常每一個到了年底都會說：「感謝老天給了我一個合夥人，要是沒有他，我真不知道該怎麼辦。」

從理想上說來，每個隊友最好可以提供不同的專業技術和貢獻，像是一個擅長細節和計畫，另一個擅長促銷和公開演講；或者一個善於推銷，另一個善於市場行銷。好的隊友就好比一樁天作之合的姻緣，必須小心挑選。如果你能結合正確的技術、好的工作倫理和視野，就可以創造出一對勝利拍檔。

下面是一對典型的贏家組合。幾年前，艾倫和喬治的經濟都不好。艾倫是一位厲害的房地產商人，很有藝術眼光，雖然也可以洽商購買建築用地，及處理出售時的討價還價，但他在為客人量身建造的住宅方面，並沒有任何代表作品或真正的專長。喬治是一流的商人和營造商，可是他只是兼差做做而已，並沒有眼光可以尋找營造地點，也沒有勇氣去做個強硬的談判人。

結果他們兩個合夥了，打從一開始，這個合作關係就展現了無與倫比的絕佳默契。合作第一年，是他們個人有史以來最成功的一年。當然，他們的利潤必須分享，但技術結合之後，生產力卻增加了四倍之多。關鍵在於，合作關係完成了他們無法單獨進行的事。

如今，喬治全心忙於建造客製化住宅，這正是他最在行的事；艾倫則是忙碌的談判高手，忙著購買未來的建築用地、設計、轉包以及洽談材料價格。聽起來雖然不可置信，但他們的結盟卻能完成美麗的客製化住宅，而且從頭到尾只花了幾個月的時間。像這樣就是一組成功的贏。

你或許是地球上最有才華的人，可是在你找到一個神一般的隊友之前，你可能無法展露這份才華。不要浪費你的精力去做每件事情，你的新隊友們可以個別負責他們最拿手的部分。

27 別等到需要時才去套交情

我們之中有許多人，一直等到急需別人的某樣東西時，才肯花時間去認識他們。說實話，這大概是認識人們的最糟時機。如果你需要別人的某樣東西，對方也曉得這一點，他們就會有戒心，甚至提防你，想看看你是否有誠意。事實上，當你不需要他們的任何東西時，人們就會比較和善。

在需要貸款之前，有多少人真的花時間坐下來，跟銀行經理談談或喝杯咖啡？說真的，沒有人這麼做。然而，在人們認識了你，而且信任你之後，在你認識了他們的配偶和小孩、在知道你關心他們的幸福，也曉得你是一位真誠可靠的人以後，要跟他們一起共事或打交道就容易多了。

我努力在自己的社區裡盡量多認識一些人，對銀行人員、餐廳及咖啡館老闆、本地的技工、藥師、花店老闆，以及各行各業的人都很友善。因此，我如果需要貸款，銀行人員認識我的面孔和我的名字，他信任我，大概在電話上就可以答應我的貸款了！如果我的孩子當中有一個病了，本地的藥師會很樂意花點時間跟我討論，他真的很關心我的家庭，就像我關心他家人一般。如果我想送花給某個人，可以打電話給花店老闆：「你是否能夠送點特別的？」每次她都會盡力讓我滿意，因為她曉得我關心她。如果我有朋友來了，想在餐廳訂個好位子，我在餐廳裡服務的好友都會很樂意幫我留下好位子。

這樣做並不是在占人便宜，生活本來就如此，人們喜歡幫助自己認識而且信賴的人；而他們都曉得，我也會特別幫他們忙。事實上，我絕對會毫不遲疑地這麼做。

雖然人們會這麼做，卻沒有人真的願意在你對他們有所求時認識你，接受你的好意。那看起來似乎太沒有誠意了，彷彿你只是因為有所求才想表現得友善；當然了，友善總比不友善好，可是如果你所需要的人，早就知道你是一個友好真誠的人，那就更好了。何不現在就讓人看看你有多好呢？

顯然地，有些時候你需要在不利的環境下會見某些人，而你也有求於他們。例如，你的車子若是拋錨了，大概不會認識拖車司機，在這種情況下，盡力而為，留下一個好印象。但是只要有機會，試著在你有求於人之前，多認識並與他們交往，未來你將會驚訝於這些人對你有多大的幫助。

28 別低估釋出善意的回報

有一位溫文有禮的營建業老闆告訴我以下的故事。他跟一位性情古怪的客戶合作一個利潤不錯的大案子，這位客戶額外交待他，必須將龐大又笨重的建材移到某個地方去；當他即將完成這項工作時，這位客戶突然改變心意，要他將建材移到另外一個地方。不管是誰都會覺得這真是個奇怪的要求，而且將會耗時又費工，但這位客戶卻又非常堅持。

這位老闆的員工大多為此火冒三丈，覺得這個客戶簡直是在占老闆的便宜，他們都叫老闆別答應客戶要求，認為老闆若真的要幫他多做這些事，也得多收一點費用才合理。

雖然老闆本身也覺得有點不高興，但他決定不要先入為主地抱怨、嫌麻煩，他還是去幫客戶把建材移到了別的地方，並且不收取額外的費用，但這項工程其實花了老闆不少工夫和金錢。

這位老闆告訴我，自從那次以後，那位客戶就成了他有史以來最大的客戶，不管是自己交給他的，或幫他介紹的案子，數量都超過其他的客戶。這位客戶好幾次告訴老闆，很欣賞他那種「再多付出一點努力」的精神。老闆的行為明顯地得到了客戶的回報。

我在自己的事業生涯上也曾有過類似的經驗。由於我跟人簽了一個演講合約，為了參加這個演講活動，我必須推掉其他幾個更有利可圖的邀約；然後，到了快要演講的時候，公司取消了演講活動，並問我是否願意改期。這樣的連鎖效應不但令人惱怒，還讓我損失了不少錢，公司應該要付我演講費用的，但他們卻還要求我配合。

很顯然地，不管於情於理於法，我都可以拒絕他們的請求，並向他們收取演講費用，但我並沒有這麼做，我同意改期，無怨無尤。

你或許會覺得他們得到勝利了！他們欣喜若狂而且感激涕零，並且就像那位營建公司的老闆一樣，我的一念之間讓我得到了豐厚的報償，自從那次之後，我就邀約不斷，我相信這是跟我的配合度高有關。

所以，善意——讓別人尊敬你——真正的價值是多少？我並不是認為善意可以量化，但是它的確是有價值的。問題是，展現善意並不見得都那麼順利，有時，我們所表現的善意並沒有獲得肯定，有些人確實是想占別人便宜，因此我們很難確定自己的善意是否會有回報，或是何時會有回報；然而，如果你認定誠實無欺、多努力一點是正確的事，那麼，假以時日，必定會得到回報。知道了這點，將能帶給你極大的慰藉，並幫助你不再擔心賺不到錢！

別誤會我的意思，我和那位營建公司老闆並不是永遠都那麼好說話，我們不是隨時都樂意打破自己的原則；善意是在你看到它的時候，必須去召喚它，它才會來的東西。

善意的價值在於它無法量化。只要瞭解這點，就能幫助我們在做決定時，將之納入考量，因此，下回有人請你配合一下，或是請你為客戶做些特別的事時，請將善意納入考量。誰知道呢？搞不好這會為你帶來豐厚的回報！

29 尋找良師益友的重要性

如果有人想要當水電工學徒，一般常識是，他或她應該放聰明點，找個已經退休或即將退休的前輩，來做他的指導、建議和啟蒙的師傅。找個可以偶爾跟你喝杯咖啡、討論意見，一個你可以求助、問問題、尋求指引的人，這將對你非常有幫助。

我從未聽過任何人在找到良師益友後，結果還退步的。然而，當我四處打聽時，卻很少有人承認他們有這樣的良師益友。

我這一生中有過好幾位良師益友，在生活的許多層面給了我莫大的幫助：工作、賺錢投資、市場行銷、公開演講，甚至健身。老師與學生教學相長，是非常理想的交換。學生得到的長處，顯而易見：信心、友情、好點子，也就是一張可以遵循的地圖。對老師來說，他得到的是助人的快樂、感激與需要、教學的樂趣、回顧過去成就的特權，以及後繼有人的欣慰。知道自己的想法還有人使用是一種幸福。

你通常可以透過自己的社交圈來尋找良師益友，像是年長的朋友、多年來一直有交情的朋友，或是你所尊敬而且也喜歡共處的人。一般說來，良師益友是喜歡跟別人分享自己點子的人。你並不需要真的稱呼這個人為「老師」，只要你們有默契，願意定期一起坐下來，或者在電話上交談，一個月一次、兩個月一次都好；清楚表明你的意圖就能學習你所能學到的一切。

現在這個時代，比過去更容易找個良師益友。雖然沒有什麼可以取代面對面的接觸，像是跟愛你、關心你成就的朋友聯絡，但是如果有需要，輔導機構也可以安排合適的老師。

不要讓任何事妨礙自己去尋找優秀而有愛心的老師。在未來的歲月裡，你將可以因此避免許多不必要的錯誤，得到更多的收穫。通常，回報老師的最佳方法是，答應他或她，當有一天你也處在同樣的位置時，也會為別人做同樣的事。

30

衷心為他人的成功感到欣喜

老實說，你是否曾經暗自希望別人失敗？我不是說你希望他們碰到什麼厄運，只是希望他們不要比你更成功？有時候，希望別人好是挺難的，尤其是那些你十分熟悉的朋友、同事、鄰居、家人。看著同事得到你辛苦爭取了許久的升遷機會，是很難堪的；看著你的妹妹上電視，或者看到你的鄰居買新車，都不是一件好受的事。我們都是凡人，凡是人都會嫉妒。我有一些客戶甚至還會嫉妒另一半的成就。

暗自希望別人跟你處在同樣的層次，的確很誘人，或者至少是一種習慣，但這絕對不符合你的最佳利益。登上顛峰的最佳辦法，是希望人人都順遂，衷心希望每個人都可以發揮他們最大的潛力，希望所認識的人以及不認識的人，都可以實現他們遠大的夢想。

知道世上成功的機會很多，人人都可以得到，這是很重要的一件事。事實上，當別人達到他們的目標以後，這塊大餅甚至會變得更大，足夠其餘的人分一塊。我們並不想看見彼此都處在最低階的狀態下，希望大家都處在最高的願景中。我們全部都可以成功，每次有任何人成功時，也都會拉其餘的人一把。

當你祝福別人順利時，它在你的內心就創造了一種動力。一種成功的內在環境，能夠提醒你的愛心和本性，它在你內心創造了一種氛圍，幫助你成功致富。當你為他人的成功感到欣喜時，就像是在一座成功花園播撒種子般。

當你祝福別人時，注意一下那種感覺有多棒。當你由衷發出祝福時，他們就會提醒你，施與受只是一個銅板的兩面。真的，看到別人成功就像自己成功一樣舒服。從現在開始為他人的成就感到高興，也看著自己向上攀升吧！

31 如果說不出好話，就什麼話也別說

你是否還記得我們小時候學過的這條黃金法則？它是這樣說的：「己所不欲，勿施於人。」還有什麼類似的說法呢？我們想想看：「好心有好報」「一報還一報」「如果你說不出好話，就什麼話也別說。」這條法則還有許多不同的說法，而這就是我們教孩子的第一課。

這一定是最簡單、最容易實行的創造財富祕方。簡單地說，想確保別人會公平、敬重、仁慈地對待你，並確保他人會伸出援手，幫你並稱讚你，最好以身作則。

做一個體貼的人、樂於助人、對人和善、隨時伸出援手、對人更大方一點、說「謝謝」等等，這些和成千上百個類似的行為，都是你可以傳達自己很關心別人的方法。

施與受是一體的兩面，它們是同一個宇宙活力的不同展現。到最後，你提供給這個世界的也正是你所回收的；所以，如果你的目標是開創一個富裕的喜悅人生，那麼所能做的最重要的一件事，就是幫助他人做同樣的事。這是人生中所能控制的一個領域，你可以決定自己要多麼慷慨大方，的確有能力可以提供他人讚美和幫助、服務他人、對他人仁慈一

點。

如果你的善舉沒有立刻得到回報，請勿心情煩躁或沮喪。宇宙有它自己的一套法則和自己的步調，請保持耐心和愛心。如果你信守黃金法則，生命一定會充滿你所渴望的一切，這只是時間早晚的問題而已。

32 開口請人推薦吧！

在任何一種你想要擴張的生意中，推薦都是關鍵。不論你是想要私人開業，建立一份事業，或是為非營利性的基金籌募而努力，請求協助都是最根本的。找別人來參與，請別人為你說些好話，並且傳誦好口碑，是很重要的。

許多商業專家都同意，失敗的最大因素，可以追溯到害怕請人推薦——請人介紹生意、請求幫助，或是對人推銷。我也同意。一般說來，人們都害怕開口求助，他們寧可保持小而安全的事業，也不願冒險成長。不過，事實上，如我們所知，繼續害怕一點也不安全。最後，恐懼會成為大多數生意失敗的禍首。再說一次，想賺錢，關鍵就是不要憂慮。

這裡有一個簡單的例子，可以看出找人推薦可以幫上多大的忙。我們全家是本地一家餐廳的常客，幾乎可說是最忠實的老顧客了，我們經常讚美餐館主人和廚師，讓他們知道我們多麼欣賞他們的技術和努力，而且不斷回去捧場。雖然食物可口，人也好極了，但這家餐廳的生意並沒有預期中的好。它的地點不夠明顯，而且也完全沒做任何宣傳。

下面是最有趣的部分，雖然我們已經證明自己是站在他們那一邊的，也一再展示希望他們成功的心意，但店主卻從未要求幫忙，他從未開口請我們帶其他朋友去捧場，代發傳單，甚至告訴其他人這是家好館子。

你是否想像得到，他若是向我們和其他本地熟客開口，他的生意會如何改觀？我猜，他的餐廳門口每天晚上一定都會有一長串的等待名單，人們會擠在門外苦候進去的機會！他大可以對我說：「理察，我曉得你真的喜歡這家館子。以後你來的時候，可不可以帶些朋友來試試我們的菜？如果可以的話，我只收你半價。」（或者他也可以送一瓶酒，還是一餐免費，抑或給一張下次可以使用的折價券。）

有許多人會為別人的成功感到高興（我就是其中之一），因此別人一旦開口，就不好意思不幫忙。你可能會想，「如果你真想帶朋友上館子，你不是早就帶了嗎？」那倒未必。人們上館子的理由有千百種，我們的理由之一只是想輕鬆自在一下。當我想到餐館時，我通常想到的是我自己和家人的需要與喜好。不過，只要別人開口，我也很樂於助人，尤其是當我真的很喜歡那個人的時候。

要我打個電話找一、兩個朋友跟我一起吃頓飯並不麻煩，我可能也會想找個藉口跟他們聚聚，而這正是最佳良機；我既可以見到好朋友，又可以幫餐館老闆一個忙，一舉兩得，何樂而不為。

只要以推薦作為新生意的來源，這個老闆（以及百萬個像他一樣的人），就可以在短期內增加一倍甚至兩倍的顧客人數。事實上，這項原則適用於任何一種你想擴大營業的生意。大部分人真的都想幫忙，雖然不是全部。

勇敢開口吧，你的生意成長的速度將會快得令你嚇一跳！

33 由衷地讚美他人

如果你給別人一個機會，也相信他們的潛能，便會對他們所能做到的事情感到驚訝。知道人人都有獨特的天賦和才華，是很重要的；幫忙將那些天賦及才華帶到這個世界上，正是你的任務。換句話說，當他們不完美又感到挫折不已時，不要光是坐在那兒等待人們變得十全十美，請在這個過程中，負起一些責任，創造一個理想的心理環境。

職場上有一句古老的諺語：給別人一個名聲，讓他們去達成，然後看著他們耀眼奪目。這是實話。只要有合適的環境，大部分人就會賣力工作，才華洋溢，創意十足，生產力旺盛。就像你我一樣，也想取悅他人。不幸的是，大部分人鮮少處在一個理想的工作環境中。

當一個人感到不安、怨恨或害怕時，會發生什麼事呢？很簡單，他會失去大部分取悅你的動機，也會失去大部分正面的工作特質。思考一下下面這個例子：你有一個助理，每天進門時，你都提醒他，他是多麼無能，你指出他的弱點和缺陷，在別人面前貶低他，然後你就走出大門。問題是，你的助理會有怎樣的感覺呢？這當然很難說了，因為人人對同樣的事情都有不同的反應。不過，我們可以打賭，他要不是很怕你、痛恨你，或很不安，就很可能是以上皆是。這樣他的工作表現當然會出現問題。如果你對他感到失望，那你就沒抓到重點了！在我看來，你沒有盡到該盡的責任。

如果你用大方真誠的尊重態度來對待他，不就有機會可以安撫一位忠心耿耿、賣力工作的助理嗎？如果你善待他，經常提醒他，你有多欣賞他，每次他做對事情時就稱讚他，那他不是會更努力工作，並且把你的最佳利益牢記在心嗎？從理想上說來，我們希望每個人都對自己有好感，希望別人相信他自己有自信和安全感，感覺他自己才華洋溢、能幹且有創意。如此一來，人人都能成為贏家。

當你鼓勵別人的創造力，對他們有信心時，就好比為一座花園創造理想的環境條件，你是在為環境「播下種子」，讓成功萌芽茁壯。當你開墾一座花園時，最需要正確的土壤種類、濕度和陽光。當你培養人才，而非糟蹋人才時，你就創造了心理環境。

不論你是要聘雇管家、律師、會計師、公關人員或任何人，同樣的原則也都適用。這個方法也適用於你的孩子、配偶、朋友和鄰居身上。它永遠奏效：當你信任某個人，當那個人知道你對他有信心時，神奇的事情就會發生。從這裡開始，看看你是否能夠期待人們有所作為。盡你的責任，創造理想的工作條件。要親切、有耐心、支持他人。然後，坐下來看看會發生什麼事。

33

專家的話就是智慧嗎？

許多人都犯了一個大錯，那就是把自己的權力拱手讓給所謂的專家。我們經常如此，把權力讓給醫師、財務規劃師、保險員。這裡的假設是：這個人是專家，我最好聽他的。當然，有時候這個假設是真的，你也應該聽聽，但是要謹慎地把最後的決定權保留給自己。永遠記著，如果你想賺錢，就必須自己負責。富裕和喜樂來自你的內心，而非來自他人。

像平常一樣，我們輕易地就把權力讓給他人的原因，就是恐懼。我們擔心如果不聽「專家」的話，就會鑄成大錯。一旦消除了這個恐懼，你就會明白，創造財富比想像中容易。當你運用智慧而非恐懼來做決定時，也就是當你守護自己的權力時，你的決定通常是好的。這些決定將會帶你往夢想和目標的方向前進。你可以跟專家為友，瞭解你的知識和經驗的極限，這是個不錯的主意，不過，這個權力應該保留在自己身上。

假設，你的保險推銷員堅持，你真正需要的是一百萬美元的「終身」險。可是你對他說，「這麼做我得付出大部分的收入，無法剩下任何東西，來做我想做的投資。」你繼續解釋，「如果我買定期保險，而非終身險，我只要花一點錢就可以得到同樣的保障。」不過，你的保險員運用的基礎是恐懼，而且受訓要說服你用他的角度去觀看人生。他相信他給你的是沒有偏見的勸告，對你最有利。「你會後悔的。」他堅持，加強了你已經感受到的恐懼。那麼現在該怎麼辦呢？畢竟，他是「專家」。

不論你是面對咄咄逼人的保險員，或是膽小的財務規劃師、無能的醫師或律師，還是任何人，你最應該問自己的問題是，這裡由誰負責？答案是你！當然，你必須考慮自己所得到的勸告，畢竟你才是付錢的老闆。

一定要記住你才是老闆，最後的決定權在你，信任自己的直覺和智慧，而非專家的言詞和恐懼。如果你強烈感受到自己的直覺才是該走的路，那就追隨自己的直覺吧；信任你自己。

我有一次去看醫生，因為覺得自己常常感到焦躁不安。醫生立刻假設，我需要的是抗焦慮藥物。我覺得這簡直是胡說八道！我堅持是別的原因。「年輕人，聽著，」他用自大的口氣說，「這種事我看多了。」他的信念顯然是「我知道什麼對你最好，我是醫生！」我拒絕接受，我知道問題出在別的地方。

所以我又去拜訪了另一位比較宏觀的醫生，在詢問我的生活型態兩分鐘後，他開始發笑。「理察，」他以尊重而溫和的口吻說：「你喝了正常咖啡量的十倍。減低你的咖啡因攝取量，兩個禮拜以後再打電話給我。」

結果他說對了。但是比他的高明建議更重要的事實是，我聽從了自己的直覺。我要是遵從第一位醫生的建議，可能要一輩子服用抗焦慮藥，而且每天喝十五到二十杯咖啡！

我對你的建議是：不要放棄你的權力。你會驚見自己的智慧多麼有力。

35 你是否曾靜下心來聽別人說話？

回顧這一生，我有點不好意思承認，以前我是個不太懂得傾聽的人。如今我的功力雖然比五年前好一點，但是仍然有好長一段路要努力。不過，當我環視（並傾聽）四周的人們時，我覺得自己還有好多同伴。

大家都喜歡別人去傾聽他們的心聲；事實上，他們甚至願意付出巨額的費用給治療師，去傾聽他們的故事和抱怨。消費者也同樣喜歡得到別人的傾聽，他們很樂意付最高價錢，給那些真正瞭解他們需求的聰明人。但不幸的是，只有一小部分的生意人懂得，或者願意實行這個重要的觀念。

你的顧客或客戶真正要的是什麼？你曉得嗎？你是猜測的嗎？你問過嗎？如果你問過，你給他的是他想要的嗎？或者你給他的是你認為他想要或需要的嗎？你回答這些問題的方式，可能正是成功與失敗的差別。

一個有趣的啟發練習是這樣的：假裝你是治療師，小心傾聽你的客戶在說什麼。問一些試探性的問題，比方你真的想要的是什麼？以及怎樣才可以讓你對這項產品或服務感到更滿意？要像前所未聞般地真誠傾聽，打從心底去傾聽，讓客戶明白，你唯一在乎的是他的滿意，以及能否得到他恰恰好想要和期待的東西。

舉例來說，你經營一家小餐廳，請教顧客是否願意陪你坐下來聊五分鐘。告訴他們，你想知道怎樣才可以讓他們的用餐經驗更美好；問他們究竟喜歡館子的哪些地方，不喜歡的又是什麼，為什麼進來等等。請謹慎而敬重地傾聽。

當你用這種態度去傾聽時，你可能會被正面的回應嚇一跳。當人們感覺到被傾聽時，他們也得到被欣賞和珍惜的感覺。獲得傾聽是罕見的經驗，所以當某個人感覺自己得到傾聽時，他們都會告訴別人。當你的耳朵真誠傾聽時，就會創造出狂熱的迷人顧客，他們會愛上你，想跟你打交道。

傾聽就像一個神奇祕方，將平常人變成忠心耿耿的快樂顧客。最後的祕訣是：如果你已婚且有小孩，同樣的原則也一樣適用。如果你想要跟配偶或小孩，建立一份更緊密的關係，最好就從變成一個更好的傾聽者開始！

36 笑容的力量無限大

你是否跟我一樣詫異，「真實世界」裡討人厭的傢伙怎麼那麼多？許多人失去正確觀點，把人生看得嚴肅得嚇人，每件事都大得不得了。從另一方面說來，偶爾你會遇見一個令人開心的人，一個有幽默感，還沒有忘記微笑的人。

這無疑是整本書中最簡單的建議了，然而卻沒有幾個人真的瞭解它的重要性。通常，一家商店和另一家之間的差別，多半微乎其微，從外表看來，根本瞧不出任何差別。這家商店中的雜貨與價格跟隔壁那家的差不多。這家餐廳和那家餐廳的食物也類似；這家鞋店的鞋子跟你在下一條街上找到的一模一樣。不勝枚舉的例子指出一個簡單的事實，那就是，其實從表面上和整體上看來，各家的商品和服務看起來都一樣。

如果我要徹底誠實的話，就必須說我的消費決定：上哪家館子去吃飯、上哪兒去買衣服、常去的咖啡館、常逛的商店等等，其實都是看哪家的員工最友善，微笑最真誠，個性最和善。我去的咖啡館服務態度最好，畢竟，咖啡喝起來都一樣，價格也一樣，杯子也一樣，氣氛和地點也都雷同，可是套句我女兒的話，看到一位微笑快樂的人，和看到「一位有點嚴肅的小男人」（這是我焦躁不安時，她對我的稱呼！），差別可大了。

我們鎮上有一家小小的家庭式雜貨店，就是這套哲學的受益人。店主是我見過最和善的人。孩子甚至會問我，可不可以到他的店裡去，我們也常常光顧。他店裡沒有一樣是我們在別的地方買不到的，而且可能別的地方還更便宜些，可是我們寧可上他那兒去。

他的笑容可掬，我的兩個女兒都跟我一樣喜歡他。這些年來，只因為他有張真誠的笑容，他就賺了我們家好幾千美元的生意。沒有任何廣告，也無需做別的努力，就做成了我們家的生意。他的市場行銷策略不但有效，而且免費！

當我們選醫師、會計師、管家或其他行業時，在某個程度上，也是一樣的道理，信不信由你。我們當然會希望找能幹的人來為我們工作，但是，當一切條件都相同時（通常都如此），人們想要的是一個容易相處的人。

我曾經避開好幾位醫師，尤其是小兒科醫師，因為他們的行為像個「嚴肅的小男人」。我只是不想要我的孩子跟那樣的能量接觸，除非別無選擇。否則何不選又能幹又快樂的人呢？

對你來說，幽默感和笑容可掬的好處，遠勝過更高的利潤。你還會得到一種特權，自己覺得比較愉快，同時又讓他人感到開心。我相信，微笑真的會帶給你更多能量，或許還更健康。所以，放輕鬆，開開心心綻放笑容吧，你得到的回報將會立即而顯著。

37 建立你的信用基金

我不曉得你怎麼想，但是我從小到大都以為只有富有的（通常都是被寵壞了的）人，才有成立「信託基金」的特權，並從中得到安全感。其實不然！我們每個人都擁有一種非常重要的信託基金，那就是「別人的信任」。唯一的問題是，這份信用基金到底有多巨大呢？許多人不曉得信用基金對他們的成功來說有多重要，常常他們就是輕忽了這個關鍵點，才導致破產的。然而，有的人本能上就曉得它的重要性，並且知道在這個項目上的富裕遠超過他們的瘋狂夢想。信用基金早晚會對你所創造的財富帶來巨大的利益。你信用基金的大小，與其他人跟你共事和幫助你的意願，是有直接關係的。

建立一個大型信用基金的辦法簡單而直接。重點是為你的行為負責，事不分大小，要說到做到、實踐諾言、守時守信等等。你所做的每件事，都像銀行中的存款一樣，會加強你的可信度。可信度是由大大小小的事情所累積起來的。比如說，如果你告訴別人會在三點鐘打電話給他們，或去機場接他們，你準時做到了，實踐了諾言，你的信用基金就又累積了一小筆信用積分。同樣地，如果你告訴某個人，你會送他一本你提到的書，然後你真的送了，你就贏得了那個人的信任。

如果你不履行諾言，雖然這些事看來似乎沒什麼大不了，但卻會降低你的信用，縮小你的信用基金。例如，我認識一些人，每次他們跟我說話時，都許下一些小小的承諾。這些人都很和善，為人正派，心地也好，他們承諾的雖然都不是什麼要緊的事，卻常常說得到做不到，言而無信。沒有信用的悲慘下場是，我已經學會期待他們說話不算話了；換句話說，我雖然喜歡他們的為人，卻不一定信得過他們，也不會把他們的話當真。同樣地，其他人也會這麼想。

當然，沒有人是十全十美的，我們都會犯錯，可能毀約、遲到，偶爾甚至會忘了約會。不過，我已經學到了一件事，那就是最好不要輕易許下自己做不到的承諾，也不要許下可能會縮小自己信用基金的承諾，不管多小都一樣，這樣的作法比較容易，也比較聰明。

就從今天開始，說話和做事時心中要牢記你的信用基金。在承諾為別人做任何事情以前，先問問自己，我做得到這個承諾嗎？記住，信用基金的大小全靠它了。

38 願意深切傾聽，樂於接受勸告

一般說來，人們是不接受勸告的，即使是再好的勸告也一樣，甚至當這個勸告是免費的，而且出於愛心，也還是如此。想想你自己吧：你多常真心誠意地接受別人的勸告？你多常對自己說，或大聲說：「這個主意太棒了。這個方法可比我原來的方法好多了。」在我們的文化中，幾乎從未聽過這一類的謙虛，可是其中的智慧卻值得我們深思。

為了成長，我們必須用不同的方式來看待事情。我們不想要一再重蹈覆轍，如果它們並不奏效的話。相反地，我們想要打開眼界，接納新的改善方法。可是，如果我們拒絕衷心接受他人的建議，我們如何能用不同的方法來看待事情呢？這個道理似乎再清楚不過了。

有時候，我們不願接受勸告純粹是出於固執。我們想用自己的方法來做事情，即使它根本行不通！還有時候，我們是出於害怕，所以迴避勸告。我們可能是害怕在他人面前出糗，或者顯得笨拙。還有，我們也可能是怕我們所得到的勸告幫不上忙，畢竟如果我們自己都想不出來，就沒人想得出來了。有時候，我們得到差勁的建議，或是得到太多建議，因此我們發誓絕對不重蹈覆轍。

我在這方面的建議簡單又直接：接受勸告。當你肯借用他人的力量和長才時，人生就變得簡單多了。畢竟，如果你絕對知道如何讓人生變得更好，或更成功，你就已經開始邁向成功了。可是，如果你的人生有任何一面還在苦苦掙扎（我們都有這一面），你就需要勸告。

我很確定我的人生能得到某種程度的成功的主要原因，就是我絕對願意去搜尋、傾聽，而且通常都樂於接受勸告。這一點讓我的人生變得如此順利，有時候甚至對別人不太公平。

我喜歡徵詢勸告，尤其是向能幹的人請益。我深信，如果有人辛辛苦苦得到某種程度的成功，而且樂於助人，除非我是笨蛋，我才會不聽他的心得！你大概早已知道，幾乎每個人都愛給別人勸告。傾聽別人，真的接受他們的勸告，你不但可以得到好結果，而且對他人的喜悅也有貢獻。

不幸的是，許多人都錯過了最有把握的致勝捷徑之一：接受勸告。通常，當一個人苦苦掙扎時，他或她就已經接近重要的突破點了，他們其實離達成目標和夢想只有「一步之遙」，只要他們肯張開雙眼看看自己的盲點，用一點全新的方法來看待自己的作法，他們肯定會有驚人的成功。

我也有這一類的朋友和家人，我相信他們才華橫溢到幾乎達到了偉大的地步，或者幾乎有能力大為改善他們的生命，然而他們卻有著這樣的一個小缺點——不願傾聽別人的話，而且絕對不願意接受勸告——不斷阻擋了他們的去路。

不要讓這個小障礙擋住了你，勸告無所不在，人人都想幫你。允許你自己接受幫助，你的生活品質就會得到突飛猛進的提升。

39 幫助別人

有人說，學習某樣技能最好的方法，就是去教別人。我發現，這個假設不但是真的，而且我在教書時所經驗到的學習曲線，也確實十分驚人。例如，我同意對超過三千五百名學生，演講一個我很熟悉但絕非我專長的題目。不過，我曉得，同意去教導別人，就必須強迫自己去「學會」這份教材。

教導別人可以幫助我們正確地傳達我們的知識以及表達方式。它也鼓勵我們用有創意而清晰的方式去思考，幫助我們提高自己的卓越標準。大部分的人都想把我們所教導的事，拿到生活中來實踐，所以，如果我們教別人如何變得更成功，在這個過程中我們必然也幫助了自己。

你的生命中想必有許多人是你可以幫忙的。或許你在你那一行中是個專家，並且經驗豐富。或許有人需要一些回饋、勸告或鼓勵。

你可以跟一個比較年輕、比較沒有經驗的人吃頓午飯或喝杯咖啡嗎？家人或朋友圈中有人在苦苦掙扎嗎？只要舉目四顧，我敢打賭你一定可以找到一個衷心感激你協助的人。

我不是建議你用自己的出現或點子去征服某人。不必改變別人的一生，或是過度介入。有時候，一個人需要的只是一點開始的動力。例如，有個朋友有私事需要幫忙，像是戒菸或戒酒，你可以做一個支持的力量，或是一個好的傾聽者，幫助他們成功達成這項目標。

你可能有一個很聰明的行銷點子，可以幫助一個剛開始創業，或是正在苦拚事業的朋友；你的點子可以幫助他們在放棄，或度過難關之間，做出取捨。幫助他們獲得成功。

我唯一的謹慎提醒是，你在伸出援手之前一定要取得對方的同意，並且要溫和有耐心。不是人人都想要被幫助與準備好接受幫忙，而這也沒關係，不要耿耿於懷，每個人都處在不同的人生階段，不需要去勉強。

當你幫助其他人成功時，即使只是一個小忙，它也可以幫助你重新定義、重新反省自己的目標，你的假設以及行事作風。

例如，你若是建議別人把教育看作終生的學習過程，這或許可以提醒你，你自己已經有一整年沒上過半堂課了。我常常詫異地發現我的勸告，恰好可以適用於我自己的人生和成功上。就在前幾天，有人向我請益，經過深思熟慮後，我建議他趕緊休假，否則他可能會精疲力盡而崩潰；而那一夜，我領悟到自己也工作得太賣力了，我也需要放慢腳步！我想，你終將會發現成功的捷徑之一，就是幫助他人成功。

40 人生是朋友，不是敵人

有時候，人生好像是我們的敵人，諸事似乎都不順遂，彷彿有個祕密陰謀在對付我們。不過，應該記住的是，其實，人生並非我們的敵人，根本就沒有什麼陰謀。人生就是人生，人生就是如此。讓人生看起來好像是敵人的原因，就在於我們自己的想法，其他什麼也沒有。人生希望你成功，就像它也希望別人成功一樣。

這個見解雖然淺顯，涵義卻十分深遠。事實上，人生不會包容任何人，不會特別給我們較不嚴格的要求、較不塞車、給我們較好相處的人，或者走一條較平坦的成功之道。如果你想要一個與眾不同的人生經驗，一個比較平安的展望，應該改變的是自己。

如果你很生氣，擁有憤怒念頭的人是你；如果你很壓抑，有壓抑念頭的人也是你；如果你為自己感到難過，有自憐念頭的人還是你。當然了，好消息是，你雖然不能常常改變人生來配合你的需求，卻可以控制自己的想法。你可以改變思考的方式，也可以改變自己對人生的反應。一切全操之在你，你可以繼續痛恨人生的不如意，也可以放鬆一下，下定決心改變對人生的反應。

（每天）提醒自己，你的人生並非你的敵人，這是非常有幫助的。趁這個機會，不妨也提醒自己，你的思想是十分有力的，你的世界正是由自己最常專注的念頭所形成的。你有能力改變自己的反應、期望和前途；你有能力變成自己想要的樣子。可是，做這件事情時，你必須瞭解，人生並非敵人而是你的朋友。

Part 03 機會

掌握每一次的選擇與好運

41 保持開放心態，好運自然來

有句古老的諺語說：「如果事情聽起來好得不可置信，那很可能就不是真的。」這句話不見得是真理；事實上，這項信念所內含的懷疑、譏諷和猶豫，正是阻止人們把握絕佳機會的負面信念。

譏諷與富裕互相牴觸，喜歡說風涼話、好批評、易懷疑的人，總是會被他們自己的毀滅性、自我挫敗的濾網所遮蔽，會說出像「那是行不通的」、「那不可能」，或「不可能有這種好康的事」這樣的話。這些人都是杞人憂天型的人，他們太擔心別人的看法，做事總拘泥於「正確的方法」，也就是跟別人一樣的作法。這些人的心態固步自封，永遠止於現狀。

我很走運，從一個好朋友那聽到一支很棒的股票。他把對這支股票所知道的一切，一五一十地告訴了我和其他四個人。不幸的是，其他四個人都是憤世嫉俗那一型的人。「可不是嘛，」他們帶著嘲謔的口吻說：「我敢說一定會賺翻了。」他們當下就謝絕了這項建議。然而，我學會了敞開心胸。雖然我聽到明牌而真正去買的股票，不到百分之一，但還是願意去打聽一下。我只花了一小時就對這支股票做了一點研究，最後決定買一些。結果這支股票在一個月內就漲了一倍。你說我幸運嗎？當然。可是，如果我沒有保持開放的心胸，也不可能如此幸運啊！

如果你不相信世上真有這麼好的事，那你就會猶豫不決，不肯去研究個仔細，認為它太表面或太冒險，便輕易跳過這些事。可是，萬一你錯了怎麼辦？你會錯過一次千載難逢的良機。通常好生意和好機會都會上門，可是，如果想要好好利用這個機會，就必須開放心胸，願意去瞧一瞧，去玩點新玩意兒，嘗試一下不同的經驗。這當然不是要你去做有風險的投機事業，或者不去深思熟慮，但這的確意味著，有時候，你必須做點不一樣的事，才能做得更好一點，擁有更多一點。

做個無憂無慮的人，並不保證你一定會成功，卻會讓你容易偵測到千載難逢的機會。你會更願意敞開心胸去留意，考慮新的機會、新的產品行銷或服務方法，或是進行一項非比尋常的冒險。變成一個比較不憤世嫉俗、心胸更開闊、更無憂無慮的人，你會為工作帶來更多的喜悅，在生意上和事業上開啟一道更富裕的大門。

42 時機到底有多重要？

許多人都無法瞭解時機有多重要，但不只是我們平常想到的那種時機——抓對股票市場或房地產週期的時間——而是常態性的內心估算，知道何時應該下注、何時應該按兵不動、何時應該作罷或全盤放棄。

通常，在賺錢的冒險中你可能做出最糟（至少最不必要）的一件事，就是在錯誤的時機冒了重大的風險；或者，反過來說，在絕對適合擴張的時候，也就是在順勢時，或者說風險穩當時，卻過度保守。

有時候，最好的辦法就是按兵不動，什麼都不做，只要守住，耐心等候。當然了，其他時候應該做的是擴張、成長、前進。偶爾你也會吉星高照，你所投資的一切、所做的每個決定，似乎都點石成金，或者將你帶往好的方向。其他時候，我們可以節省下一大筆財富，或是一大堆精力，只要現在願意忍受一點點損失，而非以後賠光一切。

驚人的是，只要安靜下來傾聽「內在的聲音」，問題常常就能迎刃而解，新的機會也會自動浮現，因為我們知道該採取什麼行動（如果有的話）。靜下心來讓我們不再阻礙自己，才懂得怎樣對自己比較有利。

智慧就是曉得何時應該做什麼；智慧就是保持靈活應變，從善如流。這聽起來雖然顯而易見，但太多人卻因為內心忙亂，而做了錯誤的抉擇。因此，他們惡習不改，不願意改變思考方式——「我都是這麼做的」或「我不能關閉這家公司，我們已經在這裡經營兩代了」。

我的建議是，只要靜下心來考慮這個事實。有時候，不回一通電話可能會讓你損失一份事業，一樁大生意或一大筆錢；但其他時候，絕對可以不回一通電話，這甚至可能是個好主意。祕訣是，行動應該出於智慧，而非出於習慣反應。

43 這個決定能引導你走向何方？

我們之中有許多人之所以遵循某些道路，只是因為這些道路正好浮現在我們面前。不過，這些道路通常會將你帶往你並非真的想去的地方。只要問自己這個簡單而直接的問題，就可以為自己節省下大量的時間和精力：這個決定可能會導向何方？然後，仔細注意你的答案。

有一個關於「阿比林之旅」的故事，它是這麼說的：四位朋友坐在德州小鎮房子的前廊。那是個大熱天，氣溫遠超過華氏一百度。有人提起，大約在兩百哩外的阿比林有家好館子。馬路沒舖上柏油，汽車又沒空調設備。但不曉得為什麼，這四個朋友最後決定坐上滾燙的車子，朝阿比林前進。一路上道路顛跛，車內又熱斃了，這種宛如煉獄般痛苦的滋味，搞得這四個朋友全都一肚子氣。

當他們在五個小時後抵達阿比林時，其中有一位朋友用挫敗的口吻問道：「我們究竟是為了什麼到這兒來的？」其他人當中有一位相當篤定地回答：「我以為是你想來的。」「我才不想來呢，我以為想來的人是你。」他如此回答。

長話短說，沒人有任何興趣去阿比林，每個人都以為是別人想去那兒的，沒人想到問一聲：這個決定究竟會導向何方？也沒人問：我們為何要上路？

有多少次家庭聚會或工作會議是像這樣的呢？是不是有好幾回根本沒人想去那裡，結果卻人人都到了，只因為大家都以為其他人都想這麼做？

有時候，我們在工作上也去了一趟「阿比林之旅」。例如，有時候治療師或諮商顧問在自行開業時，都會決定在週末繼續工作，並且只收半價。他們相信，這樣一來就會更快建立起自己的事業。

但這項假設卻與事實相去甚遠。如果你問，這個決定會導向何方？你就會得到相當嚇人、卻又在意料之中的答案。在這種情況下，你就會被只能在週末來見你的人占滿工作；你的客戶們會養成習慣，他們引介來的人也會是希望在週末來見你的人，而週末或許是你跟伴侶共處的時間，或是最喜愛的球賽時段。於是，你會開始變得進退兩難！

至於半價的部分，你又再度陷自己於失敗的困境。如果你的服務減價，你的客戶們會告訴所有朋友，你有多棒、多划算，因為你收費實在太便宜了！不久你的診所裡就會人滿為患，而且你會破產！我有一位客戶無法抗拒開發新市場的誘惑，但他沒料到的是，萬一成功了（他確實做到了），他的生活品質會下降（這也確實發生了）；當他做出擴張的決定時，他忽略了自己將要每週花二十四小時開車的事實。

如今回想起來，他相信自己如果專注在原有的市場上，在合理的地理範圍內建立他的事業，生活品質將會好很多。再一次，這個議題本來是可以輕易避掉的，只要他當初問了這個價值連城的問題就好了。

最好隨時問自己，這個決定會導向何方？當你這麼做時，你就可以避開許多原本不可能避免的口角和過錯。藉由這個簡單的問題，你可以將精力用在對你和他人都有利的地方。

44 機會不會只敲一次門

「機會只有一次！」實在很難想像，沒有其他信念比這一個更源自於恐懼了。然而，這個觀念在我們的集體意識中是如此普遍，以至於足以變成一句陳腔濫調。人們真的相信，應該接受這個愚蠢的限制才是明智之舉。然而當他們這麼做時，他們就好像是在告訴自己和全世界：「我的創意歲月已經過去了，我的任務已了，我的人生已經過完了。」這簡直是無稽之談！

當某個人說「機會只敲一次門」時，他們究竟是在想什麼？其實你的目光所及，到處都是機會；就在我們說話的當下，又有成千上萬個生意機會被創造出來，還有幾百萬以上的事情需要改進，因此機會是源源不斷，毫無限制的。每天，這個世界都創造出美好的工作：新的夥伴關係締結了，新的計畫開始了，新產品和新技術發明了。很多書籍需要有人去撰寫、孩子需要有人去教導、房子需要有人打掃或建造。有很多人——事實上是整個文化——都需要幫忙，有太多人可以從我們獨特的創造力當中受惠，我們都有天分和才華可以貢獻給別人，我們住在一個潛力無窮的世界，一個創意天才的世界。成功的必要條件，就是去瞭解（而不只是去希望）這個世界有取之不盡的資源。

如果你相信機會只敲一次門，當某種事看起來像是一個機會時，你就會迫不及待地一躍而上。你可能會接受一份自己並不喜歡的工作，或者搬到一個與你的習性不合的地方；你不但沒有用智慧、喜悅和常識去做明智的抉擇，反而容易做出衝動的反應。而另一方面，由於恐懼蒙蔽了你的視野，當良機來臨時，你卻錯過了。你的恐懼可能會說服你等待別的機會，因為這個機會看起來太冒險了，或太嚇人了，或者超乎你的能力範圍。不論是什麼理由，兩邊都因恐懼而擠掉了機會。

當你擺脫了資源不足的恐懼以後，機會就會從天而降。恐懼消失後，你的目標就會浮現，幫助你看透風險。知道機會不是一生只降臨一次，你就有信心去探索你的選擇，對新的機會敞開心胸。你將會看到做事的新方法，你會看見機會，甚至能從過去的失敗中看到機會。你將會領悟，機會一直都在那兒，只是你沒有看見罷了。

拋開你的恐懼，宇宙的機會是源源不絕的，人人都有機會。你可能會驚訝地發現，此刻就有個機會正朝你而來。

45 別把所有錢都賭下去

多年前，就在我二十一歲生日過後不久，我和幾個好朋友去賭城拉斯維加斯，體驗生平第一次的賭博經驗。我們幾個都不知道自己在幹什麼，其中一個夥伴就去玩了一個遊戲，結果第一次賭，就贏了二千美元！我這輩子從沒見過這麼多現金，他自己也是。

我當時的第一個反應是：「太棒了，去把其中大部分的錢存進保險箱裡，這樣不管你之後怎麼玩，最後至少還有一大筆錢可以帶回家。」但他卻回答我：「你在開玩笑嗎？要贏錢很簡單的。」我想你也猜得到結局，他不只把那些錢全都輸光，還多輸了一些。

幾年之後，我認識了一位很有錢的人，他打算拿自己的股票去抵押，然後再去買原來那家公司的更多股票。他把全部的雞蛋都放在同一個籃子裡，他不是用部分的錢來投資而已，他是用上了全部的家當！他深信自己不會賠錢，結果，也同樣把所有錢全部賠掉了。這樣的戲碼天天在發生，儘管劇情略有不同。

有人認為豁出一切去冒險是很刺激的事，但我不同意；相反地，我認為這樣做，只是保證你會為小事抓狂，一天到晚擔心焦慮罷了。

別把所有錢都賭下去，這個觀念還可以延伸到更廣的範圍，包括財務方面和情緒方面。不管你是剛起步，還是已成為富豪，或是在兩者中間，這個具有智慧的法則都能對你有所幫助。當你知道自己至少有一些錢是安全無恙的，你的心就更能無牽無掛地去做其他的投資事業，因為這樣可以讓你的情緒不受牽累，可以有信心去冒險，去嘗試新鮮事。毫無疑問地，內在的安全感和信心，最終會對你的人生帶來豐富和喜樂。

別把所有錢都賭下去，這句話可以用在單純的儲蓄、存款，或是貨幣市場帳戶，甚至是指分散共同基金或其他投資；也可以用在我們之前討論過的「先感謝你自己」的觀念上，這個觀念是指：在你支付其他帳單之前（而不是之後），先將收入的一部分拿出來，投資在自己身上。

別把所有錢都賭下去，先拿一些錢來投資自己，這個觀念的重點在於，你不想冒險拿所有的錢去投資，但同樣也不會想把所有辛苦賺來的錢，「冒險」拿去支付所有的帳單，而不花在自己身上。

很重要的一個觀念是：你決定不把所有的錢賭下去，並不代表你對錢或對自己的事業保守，這完全是兩碼子事。我們一起去賭城的那位朋友，如果他只拿一小部分的錢出來賭，把其餘的錢存起來，那他也是有可能會中大獎，甚至贏回更多的錢。

不把所有的錢賭下去，而把一些錢花在其他的用途，這是一種輕鬆自在的作法。我自己在人生中也採用這種作法，結果幫助我不必為小事抓狂。你或許也已經發現了，當自己的心清澈自在、無憂無慮時，智慧就會增長，也就能夠做出聰明、恰當，且對自己有利的決定。

46 認清保險與恐懼的關係

很少人會質疑某幾類保險的價值。不過，在聰明的財務計畫上，你所選擇的保險自負額度是很重要的。一般說來，你應該選擇自己的保險公司所允許的最高自負額，然後把保費的差額投資在自己身上。你越不擔心，就省得越多！

從某個觀點說來（相信我，我不是反對保險），所有的保險都是建築在恐懼之上。你有一份資產——車子、房子、事業、賺錢能力，甚至健康——你害怕在某個時候，這份資產會出事：你會死亡或生病、你的車子會遭竊或損壞、你的房子或公司會被大火夷為平地。保險就是用來保護你免除一切恐懼的。當然，有些憂慮發生的機率比較高，有些比較低；例如，人終究難逃一死，可是並非人人都會出車禍。大部分人在某個時候不免需要醫療照顧，但是只有一小部分會獲得賠償。你身為消費者的責任，就是小心選擇哪些憂慮是自己最想保護自己去避免的。

既然你所害怕的大部分事情永遠不會真的發生，在所有保險計畫上選最高自負額，可能對你最有利，而你付的保費也最低。然後，一定要拿這個差額去做投資。

前幾天，我聽了一個廣播談話節目，來賓是一位退休的「商品保險」專家。他討論了汽車、電器和其他產品的「延伸保證」的正反面。他的結論是，沒有真正的「正方」，某種程度上說來，整個業界都是「反方」。他說，真是動用到的保費不到二五％。他的結論是，從統計上說來，消費者最好還是別付延伸保證的保費，去預防可能永遠不會發生的事。如果由於某個不大可能的原因，你遭受損失，至少你還有錢可以做必要的修補。否則，你也可以用這筆錢，當作下次買新產品的頭期款。

這類決定的算法是相當簡單淺顯的，那麼，為什麼大部分的人都選擇非常低的自負額，去支付高得嚇人的保費呢？答案是恐懼。

當你區分了合理的財務顧慮和來自於恐懼的決定以後，你就可以釋放一大筆資金和心力。祕訣在於勇敢承認你的恐懼對自己不利，而且坦白面對決定的來源。記住，恐懼讓你專注在細節和不可能發生的事件上。比較聰明的作法是設定最好的情況——內心很清楚，大部分的時候，你的恐懼都不會成真。

47 販售夢想，你會發現銷售更有效率

在任何行業中，重要的致勝關鍵，就是必須知道自己是真的在銷售。通常事實和看起來的樣子，不見得會是同一回事。就拿賣房子來說好了，你賣的顯然不是木頭、磚塊或鋼筋水泥；相反地，你敲響的是一個人的夢想，他或她一旦住進這個家以後，會有什麼感覺，會如何生活。你賣的就是這些概念。

這個彌足珍貴的課題最早是一位好朋友教我的。以前他在加州一個可愛的小鎮，擁有一座美麗的集合式住宅。有一次，我去鎮上時，他帶我去參觀了他的房地產，裡面有網球場、兩座美麗的游泳池，一間健身房，和一片野餐區。

「哇！」是我的反應，「我敢打賭人人都喜愛使用這麼棒的設備。」

「其實，理察，你可別嚇一跳，根本沒人使用這些設備。我真希望他們會用，可是事實是，他們根本不用。」這是他的回答。

用過任何設施的住戶還不到一〇％，經常使用的則不到五％。這對我來說是一大震撼，因為我向來都屬於那五％。

我的朋友繼續解釋說，儘管事實上幾乎沒人使用這些公共設施，但每個人在搬進來以前，卻都以為他們會用到這些。事實上，這正是他們選擇集合式住宅的主要原因，也是他們願意付出最高價錢的理由之一。

在這個實例中的「牛排」，就是集合住宅；「嘶嘶聲」則是豪華的環境和完善的公共設施，嘶嘶聲才是銷售的吸引力，不是牛排。所以，我的朋友賣房子給潛在客戶的最佳方法，就是帶每個人去參觀完善的公共設施。不可避免地，這將使他的潛在客戶夢想著，他們終於可以好好放鬆，學會打網球、游泳，跟朋友一起享受烤肉等等。

賣烤牛排的嘶嘶聲，而非賣牛排的比喻，也可以應用到其他行業。我必須承認，我通常決定住哪一家旅館的根據是，他們是否有室內游泳池和客房服務；不過，我鮮少使用這些奢侈的享受。挑選餐廳也是如此，我和內人偶爾會因為點心菜單而選中一家餐廳，我們夢想著享受一塊巧克力蛋糕；可是，除了少數幾次以外，我們通常都會省略點心，我們要不是吃得太飽，就是擔心體重，所以多半不吃點心。重點是，我們並非出於理性的思考才進入餐廳，就像大部分人一樣，都是受到了我們的想法和夢想的影響。

想想每年賣出的幾百萬件運動器材吧。調查顯示，人人都相信，他們會變得有紀律，可以經常去使用運動設施。新顧客夢想擁有一個平坦的小腹和肌肉強壯的臂膀。不過，統計數字顯示，九〇％的顧客，在買了運動器材後的十天內，就停止使用了，而至於其餘的一〇％，過了一、兩個月後也中斷了，只有一小部分的人繼續使用運動器材。

製造這些器材的公司曉得，想賣掉這些機器，就要訴諸顧客的夢想，所以他們把美麗健碩的女人，以及強壯健康男人的照片，放在器材的包裝外盒上。「牛排的嘶嘶聲」，就是暗示你我都有可能變成照片中人物的健美樣貌。

重點是曉得人們愛做夢。所以，如果你想賣什麼東西，一定要先確知人們的夢想是什麼，把這項因素納入你所賣的東西之中，不管是產品或服務都一樣，你將會驚訝的發現自己的銷售變得更有效率。

48 智慧比智商更重要

如果一切條件都相同，聰明才智可算是一項美妙的特質。不過，如果你必須在兩者當中擇其一，我敢說在你追求喜悅和財富時，智慧可比聰明才智重要多了。有許多高智商的人未能善用他們的聰明才智，更有許多極端聰明的人卻過著非常不快樂的日子。可想而知，在許多情況下，兼具高智商與智慧的人似乎少之又少。

人雖然可以依智商來歸類，可是你給他們的分數卻無法預測他們的成功或幸福程度。我們這個社會雖然尊敬智商，但卻很少停下來想想智慧。

智慧不像智商，無法精確測量；它是無形的，它包含了人生的許多層面，像透視力、自發性、創造力和社會技能。智慧是你認知的感覺，是一種直覺。經常被視為「現代心理學之父」的威廉．詹姆斯（William James）說：「智慧是以非習慣性的態度去看待某件事。」它是用新鮮的目光去觀看一個老問題，當你發現並且開始信任自己的智慧時，你就會將自己從固定的慣性思考模式，與解決問題的方式中釋放出來，而且可以更輕易地邁向喜悅與繁榮。簡單地說，智慧就是不必「思考」就能「看見」答案的能力；它存在於你的思考心靈之外。通常，智慧能夠看見顯而易見的事。與思考心靈不同的是，智慧沒有憂慮。

我最喜歡的一個說明智慧的故事是，一輛大卡車因為車身過高，結果被卡在天橋下動彈不得。警察把城中最優秀、最聰明和身價最高的工程師都找來，集思廣益看應該怎麼處理。他們帶來了電腦、筆記板和滑尺，彼此討論這個議題，他們想破頭想了好幾個鐘頭，就是想不出如何在不破壞上面高速公路的情況下，移動卡車。一切看起來似乎都太複雜了，然後有一個小男孩，大約七歲左右，走向這群男士，他扯扯其中一人的褲管，「對不起，先生。」小男孩以尊敬的口吻說。「你們為何不把輪胎的氣放掉？」就這樣一句簡單的童語，解決了一個大難題。

最會賺錢或事業最成功的人，肯定不是最聰明，也不是受過最高教育的人。有許多哈佛高材生雖然受過良好的教育，卻不一定能賺大錢。通常，賺最多錢和得到最多賺錢樂趣的人，都是具有高度創意、有高度動機、有敏銳的直覺、有膽量、反應佳、直覺靈敏，而且有能力看見機會的人。

這些種種特質，不是來自智商，而是來自智慧。我不是反對制式教育，或者反對標準智商。然而，懂得不以缺乏教育來攻擊自己，是非常重要的。教育很重要，也很有用。但是千萬不要讓任何人說服你，沒有受過正式教育就註定要失敗，因為你絕不會因此而失敗。

獲得智慧的最佳方法，就是曉得它存在，並且信任它。讓你的心靈盡可能保持清明，知道有一種更深刻、更聰明的思考——你的智慧——是唾手可得的。當你覺得自己的思緒太慌亂、反應過度，或者你太過努力時，不妨試著往後退一步。你將會發現，善用心靈就可以得到一個比較柔和、比較不費力（而非更費力）的焦點。放輕鬆，就會成功。

49

你就是推銷員！

是的，你就是！如果你有某個東西（任何東西）可以提供給別人，那麼你就是，至少在某種程度上算是一個推銷員。如果你曾經嘗試讓別人去買、去嘗試，甚至看看你所提供的東西，那麼你就是一個推銷員。這沒有什麼不好。重點是，推銷是生活網絡中很重要的一部分。推銷沒什麼不對，它並不會讓你變成一個壞人。

許多人對推銷有一種自我毀滅的態度，把它當作一個髒字，因而在自己和成功之間創造了一堵牆。他們不但不接受人人都有東西要推銷（我們的時間、主意、產品、憧憬、夢想、或服務）的事實，並且選擇否認他們有任何東西要出售。我親眼目睹這個愚蠢的信念干擾了各行各業，從行銷網絡到個人服務，到經營麵包店都一樣。每當你把自己武裝起來反對推銷時，你就創造了一個難以成功的環境。

你越是小題大作，你就越會在能量上干擾自己的成功。請牢記，你的能量追隨你的注意力。如果你的注意力放在你不是一個推銷員，你在推銷上只會變得疲乏無力。任何說服自己不是推銷員的想法，都只會讓自己變得更沒力而已。

50

騰出幾分鐘空檔，好點子會自動浮現

當代最出色的演員之一，湯姆．漢克斯（Tom Hanks）在接受電視訪問時，回答說：「多不一定就更好。」他試圖傳達的訊息是，忙碌會礙事。同時進行太多事，有太多計畫或細節要照料，可能會使我們分心，無法發揮最佳的表現；當你的腦子裝得太滿時，就沒有空間可以裝新點子和創意。他說得對極了！

許多人總是過於忙碌，忙得暈頭轉向，分不清哪邊是頭哪邊是尾。我們跑來跑去，看起來好像很忙碌，事實上，我們根本沒有做成多少事。我們的創意和智慧在忙碌中遺失，看不見什麼才是真正重要的事，因此新點子變得很難浮現。

通常，在生意的關鍵時刻，做最佳選擇所需要的只是片刻的沉思。不過，如果你太忙了，到處跑來跑去，慌慌張張的，你通常就會錯過最珍貴重要的一刻。你會看到一團混亂，卻看不見顯而易見的答案。例如，我遇見一位房地產買家，專門收購別人翻修後卻無法高價售出的房地產。他告訴我，大部分的失敗都是出自於忙碌又太衝動的心靈。「你瞧，」這位成功的商人指出他正在研究的一個案子。「這幢房子需要的只是一點粉刷。我的前一任屋主就是想讓它盡善盡美才破產的。這幢房子的確有許多問題，可是並沒有想像中那麼嚴重。他們慌慌張張地趕來趕去，根本看不見最顯而易見的事。」

在某個時空下，大部分人都曾得到過這個訊息，表面上看起來，表現出忙碌是一種美德。有時候我們真的是忙得不可開交，無能為力。不過，反諷的是，當我們不再擔心是否能夠完成每件事；當我們不再表現出我們有多忙碌時，我們就比較能夠決定什麼才是最重要的。我們會鎮定下來，觀察什麼才是真正需要完成的。

成功的關鍵，就是排出一段完全不需做任何事情的時間。即使你每天只能騰出幾分鐘也好，總之你需要有一段「空檔」。不要的會議和約會重疊，或是撞期，看看你是否可以空出一點額外的時間。創造一些空間，不要再煩惱無法完成的任何一件事。你將會發現，當你給自己多一點的空間，不要那麼匆忙時，許多好點子都會自動浮現。對我來說，事實證明是如此。我自己最好的點子都不是在我忙得暈頭轉向時出現的，而是在忙碌的空檔，當我可以靜靜獨處的時候，智慧才有機會浮現。就從今天開始，看看你是不是可以變得比較「悠閒」一點，相信空下來的結果一定會讓你大感驚喜。

51 善用你的「紫色雪花」

我敢打賭這個句子會讓你忍不住連著讀兩遍。當然啦，我就是故意要引起你的注意。我發現，許多人都有點膽怯、甚至害怕站出來，做一點不同的事。他們擔心，不曉得人們會怎麼想，會說什麼，他們的努力會不會被視為愚蠢，會不會真的奏效。不過，在行銷中，這整個主意就是讓一些人，或是一群人，去看看你在賣什麼，要求什麼，或提供什麼。

紫色雪花的概念，就是鶴立雞群的隱喻。在我們這個高度競爭、先聲奪人的社會裡，能與眾不同是很重要的。你當然不想被埋沒在群眾裡，只要行銷的產品或服務跟別人一樣好，並提供紫色雪花，通常就會帶來極大的成功。

例如，當我真的想要某個人打開我寄給他們的信件時，我就寄限時或是快遞。這顯然是比較昂貴的途徑，可是想想它所能得到的效果。假設你寄一封請求信函給一位名人或超級大忙人，他每天都要收到成打的書信。如果你跟別人一樣，用一般商業信封寄出，要等到對方打開你的信，可能要花上好幾天，甚或好幾週。然而，不論一個人多麼出名或多麼忙碌，鮮少有人會不立刻打開快遞寄來的信。現在他們已經打開你的信了，就有機會做出對你有利的回應。在這種情況下，你的「紫色雪花」就是快遞信封本身。我可以向你保證，如果你的要求得到應允，你的紫色雪花就奏效了。

我有一位朋友，在我眼中是一位行銷天才，他想遊說一位退休職業球員投資他的生意。這個生意十分穩當，而且是絕佳機會。問題是，人人都曉得這位退休體育健將累積了一大筆財富，每天都有各行各業的企業家跟他接觸，可想而知他早已不再閱讀那些信件了。

我的朋友擅長製造紫色雪花，去克服這些障礙，因為他曉得只要他能讓這位體育健將閱讀他的報告，他就會認真考慮這次的投資機會。所以，他是這麼做的：他把自己的信貼在一顆全國足球聯盟的足球上，寄給這位仁兄。不用說，這位退休的足球明星當然認得出這個包裹的形狀，他感到好奇，立刻就打開它。

幾天內，我的朋友就接到一通電話，不是祕書打來的，而是足球明星本人，恭禧他的高明創意。這位運動員邀請我的朋友去吃晚飯，並告訴他，只要查證過數字，一切都合法（而看起來確實似乎如此），他便感到很榮幸可以跟如此聰明的人做生意。

顯然地，不是每片紫色雪花都可以奏效。但是千萬不要放棄，或心生厭惡，看看你是否能夠另出奇招。拋開恐懼，不要擔心你的奇招是否可以被接受。恰如好萊塢的人常說的，任何注意總比沒有注意來得好。

52 放寬心，輕鬆一下

不久之前，我曾接受俄亥俄州辛辛納提一家電台的訪問，我們討論了我的主張——為小事抓狂不僅妨礙了你的幸福感，也會影響你的生產力。進行這項訪問的兩位主持人，一男一女，格外多疑，而且具有敵意。我可以察覺到他們完全缺乏喜悅，生性嚴肅，對他們而言，人生顯然是一樁緊急事故。特別是這位男士深信，如果有任何人遵循我的「課程」，如他所言，他們肯定會變得麻木不仁，甚至無家可歸！「你如果不戰戰兢兢的話，」他堅持：「你就會喪失動力。」

可悲的是，許多人都相信，如果不戰戰兢兢，嚴肅以對的話，就註定會失敗。在這一生中，我最肯定的是，這一點並不是真的。先做個比喻：

回想一下去年的感恩節晚餐。想想你吃下所有食物以後的感覺。如果你像大部分美國人一樣，有足夠的特權享受這樣一頓大餐，你一定會撐死。除了感到很撐，還會感到疲倦。我說得對不對？當你吃太多時，那些原本用於正常身體運作——治療、細胞分裂、新陳代謝等有益的事情——的能量，一定會全部集中到消化上，這會讓你感到疲倦和睡意不斷，也會因此而失去動機和精力。

情緒也是如此。你可以將相同的比喻，運用在你過度嚴肅和為小事抓狂的傾向上。當你感到生氣、困擾和不悅時，幾乎用盡所有的精神和情緒，而那些本來可以用在創造、自發和野心上的精力，就都被拿走了。當你專注在讓你激憤的事情上時，就像訪問我的那位男士一樣，它就干擾了創造的過程。它讓你情緒低落、進退兩難，你的注意力不會放在人生的奇蹟和神祕，及其他諸多的可能性上，而是鑽牛角尖於缺乏什麼，出了什麼差錯，以及所有讓你抓狂和挫折的事情上面。

去爭辯，甚至暗示說，隨波逐流就好比把頭埋在沙子裡一樣，老實說這是相當愚蠢的。它是錯的。事實上，我發現，反之亦然。當你放寬心，輕鬆一下，舒解情緒時，你便可以打開原先隱藏起來的創造和喜悅之門。你會發現新的興趣和新的可能性。所以，從今天開始，提醒自己，放鬆又何妨；事實上，它不僅無妨，而且十分重要。

53 樂觀主義帶來更多智慧與樂趣

人基本上分為兩種：樂觀的和悲觀的。問題是，哪一種人比較聰明？當然了，悲觀者會告訴你，他們只是「腳踏實地」罷了，他們堅持人生艱苦，事情通常行不通，讓自己失望可不是個好主意；因此悲觀者相信，如果你事先預期事情會出差錯，到時真的出錯你才不會失望。

悲觀者比樂觀者經歷更多的失望，這是不足為奇的。理由很簡單：這一切都是他們自找失敗。他們想證明自己的負面假設是正確的，他們用負面經驗做彈藥和證據，來對抗樂觀主義。他們相信樂觀的人是鴕鳥，只會把頭埋在沙子裡，根本就不瞭解現實的人生。

不過，樂觀者都明白，沒人握有未卜先知的水晶球，沒人可以正確地預測未來。在這個前提下，他們曉得悲觀主義者雖然很肯定事情不會奏效，但那也只是猜測和假設。樂觀的人相信，由於沒有人真的曉得會發生什麼事，所以聰明的人還是寧願樂觀一點，凡事往好的方向想，人生才會比較快樂。

成功的最根本法則是，你的能量會跟著你的注意力走。不管是否喜歡，地球上人人都如此，樂觀和悲觀的人都一樣。如果你的注意力多半是負面的，如果你愛吹毛求疵，喜歡挑剔，證明人生基本上都是痛苦的，你的精力就會大量浪費在這些地方，你展現財富的能力也會大大受到侷限，因為你的精力全部用在負面與侷限上。

我們創造了自己所見到的一切，以及所期望見到的一切。如果我們抱著負面的期待進入一個情境，就傾向於創造負面的結果。

下面是一個簡單的日常實例：我經常會受聘去調停爭論，雇用我的人必然會告訴我對方的所有負面特質：他冥頑不靈、不願傾聽、防衛心強、面目可憎；他預期我們的對話會火爆難堪。換句話說，我的雇主是以絕對悲觀者的姿態進入這個局勢的。不過，如果你問他，他是不是一個悲觀主義者，他大概會嘲笑你，他覺得他只是實事求是罷了。

相反地，我卻以樂觀者的身分進入。我見過太多類似的場合，毫無疑問地知道大部分的人都想跟他人和平共處，大部分的人也都有能力改變。我進去尋找進步的地方、達成共識的空間以及共同點。我期待奇蹟。

問題是，誰的成功機率比較高？顯然是我了。事實是，你不只找到了你所尋找的，你還創造了它。當你尋找答案，期望找到它們時，你通常可以找得到。這是否表示你永遠會成功？絕對不是。

但是，不像悲觀者所說的：「你看吧，我早就告訴你了，人就是這麼難纏，食古不化。」樂觀的人只會把它視為另外一個學習經驗。當我在這樣的互動中嚐到失敗的滋味時，我只會假定下次會更容易一點，因為我已經學到教訓了。

試試樂觀主義吧，它可以帶來很多智慧和樂趣呢！

54 誠心道歉為你開啟另一扇門

只要你在商場上——或當你在冒險、實踐夢想、跟他人互動，或是處在眾人的焦點中時——你就一定會犯錯。有時候，你會判斷錯誤、說錯話、得罪別人、做不必要的批評、吹毛求疵，或表現自私。問題不在於你是否會犯錯，因為每個人都會；問題是，你是否願意承認？果真如此，這個問題就變成，你是否願意道歉？

很多人從來不肯道歉，他們如果不是太自以為是，食古不化，就是太自大而不肯認錯。不願道歉不但悲慘，也是一個嚴重的錯誤。幾乎人人都曉得孰能無過，只要肯謙虛且衷心地道歉，幾乎每個人都願意原諒別人，不過，如果你是一個不能或不願道歉的人，你就會被貼上一個難纏的標籤。時間久了，人人對你都會避之唯恐不及，在你背後批評你，什麼事也不肯幫你。

道歉、認錯的能力，是人性的美德，讓人與人之間更加親近，也幫助我們成功。只要肯認錯，在適當的時機說聲「我很抱歉」，就可以跟他人建立起友好的關係，他們對我們的信任也會跟著增加。

有一回在直播的電視談話節目中，我討論到了我其中一本有關幸福的著作，但我當時的心情糟透了，處理的又是非常嚴肅的題材，節目中有位來賓要求我給他一點建議；在正常的情況下，這本來是我最拿手的事，我熱愛談話節目，也很樂意助人。

我已經不記得那天說了什麼，但無論內容是什麼，總之都得罪了她，傷了她的心。節目製作人還為此寫了一封措辭嚴厲的信來，告訴我，從此以後再也不歡迎我去上她的節目！

要是在過去，我想自己大概會變得很防衛，極力為自己辯護，給她一個解釋，並且把她也拖下水。相反地，這一回我只是誠心誠意地道歉，我告訴她，我錯了，她才是對的。這真的是出自我的肺腑之言，我甚至自告奮勇表示，願意打電話向那位來賓致歉，只要她把電話號碼給我就行了。

過了幾個星期，我又接到這位節目製作人的來信，只不過，這次內容有了一百八十度的轉變。她說她做了十年的製作人，從來不曾收到如此衷心而毫無防衛的道歉，她問我是否願意很快再回去做她的來賓。藉由道歉，我改正了自己的過錯。

當然，你不應該拿道歉來作為操控的工具，企圖得到像這樣的回應，或者從中得到什麼好處。我告訴你這則故事的目的是在提醒你，當你認錯時，人們是何等的寬宏大量。當你衷心說抱歉時，就會讓所有的門繼續開著；甚至還能將先前已經關上的門再度打開。

55 二手貨有時也能讓你大吃一驚

買一樣全新的東西的感覺總是特別地好。不論是一輛新車、一件特殊的服裝、一部新的除草機，或者任何商品，買新東西總是好的。不幸的是，你要為此付出一大筆錢，這個價錢就是所謂的機會代價；說得簡單一點，這就是你可以運用在別的地方的錢。

從購買的那一天算起，一切就都變成「用過的」了，因此，價值也就會開始跟著減低。在汽車業中，他們說新車自從你開出廠那一刻起，就不再是「新」的了。你是否曾經買過某樣全新的東西，卻決定不想要了，然後又試著把它賣掉？如果運氣好的話，你大概可以賣到一半的價錢。

我有一回花了將近一千美元買了一台運動器材，後來我嘗試了好幾個星期，想把這台我只用過一次的東西賣掉，結果卻只賣了三百美元！其實，只要你願意買二手貨，你通常都可以省下三〇％到五〇％的花費，買到一模一樣的東西，不管是汽車或是任何的東西都一樣。雖然你不一定要這麼做，或許二手貨並不總是那麼令人滿意，不過還是有些東西是值得考慮一下的。

想想買一輛全新的車子吧。假設你可以花兩萬美金買到一輛新車，從你開出車廠那一刻起，你就損失了大約一〇％到一五％的價值，然後在你擁有它的期間，它的價值還會繼續下跌。此外，你大概也要擔心每個月吃重的貸款，大約要持續付五年左右，甚至可能更長。這可是為期六十個月的貸款，但是這輛車卻肯定每個月要折舊相當大的價值。

除了貸款之外，你還要擔心損壞、刮傷和清洗你的新寶貝，而且車子也可能會失竊。然後，還有保險、登記以及維修要考慮。到頭來，一大筆錢就綁死了你的新車，或許還外加了一大堆煩惱。

你的另一個選擇當然是買一輛二手車。記住，反正從你買了它的那天起，它就已經是「中古」的了，而且所有的東西本來就不可能一直都是新的。二手車除了不必過度擔心失竊和損壞，你的頭期款、每月的貸款、營業稅、保險和登記費用也比較低。如果你頗有紀律，想做一個無憂無慮的投資，你可以把省下來的錢投資在一項行情上漲的資產上（應該很容易決定）。這樣一來，無須努力，保證你每個月都可以省下好幾百美元的開銷。

在你的成年生活中，這項決定會重複出現，幫你存下一筆退休金。我鼓勵你去計算精確的數字，如果不曉得怎麼算，就去請教懂得的人。機會代價將會讓你大吃一驚，甚至感到震驚！

我見過許多人退休後一文不名。然而在年輕時，這些人卻都能夠開著相當高級的車子，通常是全新的。我想，他們要是不開新車；不買其他新東西，將可以更聰明地投資他們的錢財。

56 你打算如何運用省下來的錢？

有時候，便宜不一定總是好的。買一個二手貨（儘管有潛在的好處），並不值得付出額外的時間和額外的氣惱。最淺顯的例子可能是，決定買一戶比新房子更便宜的二手屋。

從表面上看起來，最初的花費可以省下三〇%（或更多），這可能很不錯。可是，除非你有能力自己修繕，而且很喜歡親自動手，不然廉價屋可能會讓你抓狂。老房子有可能而且通常會垮掉，修理起來可能很頭痛（長期下來的維修費用也非常昂貴）。你是否已經猜到，我自己也犯了這個錯誤？

同樣的原則也適用於更多的日常採購。例如，買部二手電腦，而非你所喜歡的新電腦，可能可以省下一些錢。不過，如果因為它常進廠維修，而使你無法經常使用它，你可能會懊悔當初不該貪小便宜。而且跑維修廠也很花時間，你真的想花時間去照顧那些二手貨嗎？

計算某樣東西的真實開銷並非易事。例如，乍看之下，可以跑五萬哩的一百美元輪胎，似乎跟一個可以跑兩萬五千哩的五十美元輪胎花費一樣。不過差別在於細節。例如，想想多付五十美元投資在輪胎的行駛時間。在你匆忙出去買一個五十美元輪胎，去取代另一個五十元輪胎之前，你必須考慮其他事情。換輪胎所花費的時間有多少價值？此外還應該考慮安全因素。重點是便宜可能比較好，也可能不盡然。必須小心取捨這當中的優缺點。

取決廉價與昂貴與否的最佳方法是，徹底向自己坦白，如果選擇比較便宜的東西，你打算如何運用省下來的錢，你會把錢花掉嗎？真的會把這些錢用在投資上嗎？這些決定比表面上的重要。長期下來，大部分時候，你可能因為做了最佳決定，而累積出一大筆財富。

57 掌握過程中的每個片刻

有一次，我和我的好友兼同事喬．貝利，在舊金山一起參加一個全日的研討會，研討會結束之後，我走到停車場去取車。等我準備付停車費，離開停車場時，發生了件奇怪的事情。那時停車費差不多二十美元，但我皮包裡只有一百美元的大鈔。這時，你可能會說：這有什麼大不了的？但對於停車場管理員來說，這可是天大的事啊！

管理員顧不得禮貌和優雅，衝口而出：「你不會沒有零錢吧？」

我回答：「很不湊巧，我真的剛好沒有。先生，我非常抱歉。」

他氣急敗壞地大吼：「喔！這下可好了！我得去找我的經理，我沒那麼多零錢。你就坐在這裡等吧。老天爺幫幫忙，我真不敢相信！」

我覺得這個經驗還挺有趣的，畢竟，那位仁兄的工作，最主要的部分就是幫顧客找錢；假如零錢不夠找，顯然他就必須去處理，因為那是他工作的一部分。就跟世上所有的工作一樣，都會有一個工作範圍——停車連帶找錢似乎是天經地義的。他的抱怨對我來說，就好像一位掃雪工人抱怨那些雪一樣，或者像是接線生抱怨打電話進來的人太多一樣！

這位停車場管理員，就跟我們很多人一樣，常常把他做的事當做是列在清單上的待辦事項一樣，我稱這種心態為「注重清單」的傾向。有注重清單傾向的人，當清單上的事項一件一件被辦好劃掉時，他就會覺得很愉快；當有阻礙讓他無法順利進行時，他就會覺得很憤怒。就像那位停車場管理員一樣，他或許把我當成只是清單上的一件事，在他看來，他的工作就是收走我的錢，讓我離開停車場，而他沒有零錢這件事，就成了阻礙，害他不能完成清單上的事。

這種心態的問題在於，這個心態本身會帶來極大的挫折感。舉例來說，假如你是個注重清單的人，當你正在進行一項專案，或是正設法成交一筆生意時，唯有當專案完成或生意成交時，也就是事情合乎期望時，你才會覺得開心。但萬一事情的結果就是不符你的預期呢？還有，即使最後結果符合了預期，但萬一中間的過程令人失望呢？專案本身，包括它所帶來的麻煩、阻礙和失望，這都是生命的一切，也就是專案的一切，需要你投入大量的時間。

但很遺憾地，我的確遇到很多不太喜歡這個過程的人；他們拚命工作、努力協商、達成任務、承擔風險，但從不享受當下的時刻。等到這個過程結束了，才根據自己的感受，來評估自己表現得如何，以及覺得開不開心。這樣過日子，壓力真大啊！

你可以採行的方法，就是不要將日常生活經驗、工作和責任，只是當成清單上的待辦事項來面對，而是當作整個過程的一部分，將這些部分全視為必要且有趣的環節。

另一種看待你工作的方式，可以稱之為「注重過程」的傾向；也就是說，把關注的焦點和興趣放在整個過程（不管過程如何），而不是單單只在意最後的成果。

正如哲學大師拉姆．達斯（Ram Dass）所說的：萬事萬物都有自己的用途，都是整體的一部分。當然，你一定很希望每天的工作都能進行得很順利，而不要遇到阻礙或困難，但是，假如你變成一位「注重過程」的人，困難阻礙的發生就不再能影響你；於是，你不但能享受最後的結果，還能享受中間的過程。

當你用這樣的方式來看待生命，就不太可能會為小事抓狂；不但如此，這樣的方式當然還能讓人生變得更有趣。成為一個注重過程的人，可以讓你盡情享受工作的每個層面（不管你是做什麼的），而不會覺得這會是個什麼大麻煩，也不會經常對別人不耐煩。

因此，不管你的工作是什麼，試試看能不能別只顧著最終的結果，而學會更投入過程中的每一個片刻。我的猜測是，你不但能更享受工作、更不覺得有壓力，而且，還會變得更有效率，也更有成就。

58 別被物欲沖昏頭

從哲學上說來，致富的方法基本上有兩種：一是開源，二是節流。其實，兩者之間還有一個中間地帶。我發現確保富裕生活最簡單的方法，就是放手去賺錢，盡力去衝刺；可是千萬不要認為，當收入增加時，你也必須提高生活水準，這麼做可能是一個愚蠢而錯誤的決定。

許多人賺到的錢都比夢想中的還多，可是他們在財政上的壓力，卻遠比過去更大。怎麼會這樣呢？道理很簡單：因為大部分人賺到更多的錢以後便花得更多，甚至還會入不敷出。他們買更大的房子和更高級的汽車；他們去渡更豪華的假期，穿更昂貴的服飾，上更精緻的餐廳；他們不斷地花錢；有人做了不智的投資，或是執行根本沒用的避稅方法。在你堅稱自己絕不會做這種事的時候，我勸你最好相信你可能會這麼做，除非你立下誓言絕不去做。

賺錢通常比守住它容易。你賺得越多，看上的東西也就越多。物質欲望的問題出在，除非你謹慎提防，否則欲望永遠無法滿足。記住，更多未必會更好。

如果你提高生活水準，來配合自己目前的收入，就會被迫維持在這個水準上，不管想不想要；而或許你並不想要。永遠無法感覺到「夠了」，會造成幾個明顯的問題。第一，遭逢經濟拮据的時候（人人在某個人生階段都會遇到困難），如果你向來都花光自己所賺的錢，你可能會因為積習難改，而造成更大的危機。不過，如果控制好花錢的習慣和欲望，就算碰到時機不好，也不會造成危機。提高生活水準的另一個重要問題是，一心想要更多，只會讓你工作越來越忙碌。你擁有的東西越多，需要花在處理、確定、照料、保護和擔心的時間也越多！不久，你的生活中就會塞滿「各種東西」，白白浪費了原本不需要浪費的時間。於是，變成了一個受困的「守財奴」。

這並不表示你不應該或不配擁有好東西。但是請牢記，你也應該有一份安詳而快樂的生活，而物質不一定可以讓你快樂！幸福來自內心，重要的不是真的擁有多少，而是和物質的關係是否和諧。

如果你能夠栓牢自己的欲望，過你財力範圍之內的生活，就會發現另一種富裕：平安。你將可以過著輕鬆自在的日子，對我來說，這是人生中最大的恩賜了。

59 別迷失在自己計畫中

沒有計畫是一個問題，但相反地，迷失在自己的計畫中，也是另一個常有的問題。我們很容易過於執著在自己的計畫或目標當中。你可能太沉溺於自己的計畫中，以至於忘了享受過程。我最喜愛的一句格言說：「人生就是當你忙著做其他計畫時，所發生的一切。」多麼有力的訊息呀！

許多人迷失在成功的夢想當中，以至於犧牲了他們跟家人、朋友，甚至自己的關係。他們專注在最後的結果，而非一步步的過程；然而，這些過程才是你的樂趣所在。

人們執著於計畫和未來目標的原因有好幾個，最重要的一個大概是：人們太擔心自己的成就和人生的方向。請牢記，憂心會干擾你創造財富的能力；它擋住去路，矇蔽視野。要成功並不難；事實上，你若做到不阻擋自己的去路，必定能獲得成功。正如我們在本書中曾討論過的，憂慮和缺乏自信是你最大的障礙；當你拋開煩憂以後，計畫就有機會展開。

跟你的知覺保持連繫，也就是瞭解自己的目標和夢想的內在知覺，只要知道它是什麼，一切就在掌握之中。成功人生的重要一面就是，在這兩個看似不同的訊息（做一個計畫，但是不要迷失在其中）當中取得平衡。我的勸告是要你知道自己要去哪裡，以及究竟打算如何到達那裡，可是同時又放開你的目標，享受這段旅程。

每一步都是人生課程中的重要一環，你所面臨的每個障礙，所克服的每個問題，都是神聖計畫中的一部分。所以不要迷失在你的計畫中，如果迷失了，不但會妨礙自己去達成目標，而且還會錯失所有的樂趣。

60

想盡辦法創造自己的好運

有些人似乎集天下所有的好運於一身。不過，仔細一看，你會詫異有多少「運氣」是自己創造出來的。事實上，運氣有時雖然是成功的因素，但「走運的人」往往也有某些同樣的特質。

走運的人總是不斷讓自己處在走運的位置上。換句話說，他們占上風，他們參與，他們告訴別人自己願意接受幫助。好多年前我「有幸」在派伯汀大學（Pepperdine University）上過一門財政學的課。我的朋友們都不相信教授會在這門課程上，給我一個A，他們認為我頂多只能拿到B。

他們不知道的是，我每天都到教授的辦公室去向他請教。毫無疑問地，教授知道我很用功，也知道我熟悉課程內容。是我走運嗎？當然是，可是要是我沒有展現強烈的學習欲望，也不可能這麼幸運。教授根本不可能認識我，更不會在乎我是否能成功。不過，我的教授是真的喜歡我，他希望我成功。事實上，這對他來說，幾乎和對我來說是一樣重要的。他曉得我很真誠，不只是學習上很努力，還包括我欣賞他的為人，也尊敬他身為師長的身分；當然，這些就是促成我幸運的條件。

從那一次之後，我又走運了好幾百次。我真的很幸運，例如，我上了全國某些廣播和電視節目去促銷我的作品。當他人抱怨缺乏促銷機會或等待電話鈴響時，我卻忙著寄書，發新聞稿，向全國的製作人提供我的點子，有時候每天要做好幾次，連續好幾個月。我幸運嗎？當然是啦！可是我讓人們曉得自己已經做好準備，願意走運，因而為自己創造了好多運氣。

我認識的一位朋友剛剛在企業界「大大走運」。「他真的走運了」，人人都這麼說。他們說得絕對沒錯，他是很幸運，但是這純粹只是撞上的，還是因為早在大部分人都還沒起床前就進了辦公室，或他記住老闆的（以及他的孩子的）生日，或犯錯時願意道歉，不獨自居功，總是與人分享，碰到好事時總是不忘說聲「謝謝你」，而且在其他人全部放棄後還不屈不撓？我想都有吧。

他確實很幸運，可是他也讓自己處在一個幸運的位置。創造自己的運氣，就好比在理想的環境中開墾一座花園。如果你提供最肥沃的土壤、水分、陽光和生長的條件，你的植物將會「更幸運」。如果你不做這些事，還是可能走運，可能有極好的收成，可是機率就小多了。

本書的祕訣在於將你放入一個有利的幸運位置。當你回顧本書的其他篇章時，你就會注意到大部分的祕訣都是設計來給自己一個優勢、改進態度、幫助你成為一位比較親切或比較不衝動的人，並且鍛鍊智慧、拓寬視野。事實是，你永遠不曉得運氣會從何處降臨。走運的人知道這一點，所以總是表現得好像運氣就在前面等著他們一樣。

或許你選擇對一個人綻放笑容或提供幫助，而不是皺著眉頭或置之不理，而那個人正好可以幫你一把，或者有一天會幫得上你。你永遠都不曉得。當牢記本書的勸告時，會發現運氣已經開始向你走來，然後就換別人說你走運了。

Part 04 阻力

每一步都是無止盡的冒險

61 拒絕散播焦慮病毒

我所認識的企業家，幾乎都一致認同這樣的觀念：焦慮會影響工作品質。太焦慮會使人反應過度、手忙腳亂，往往會比平心靜氣的人更容易出差錯。容易焦慮的人經常大驚小怪，似乎永遠無法找出真正的解決方法；他們的動作很快，但常常落得白忙一場，或是多做多錯。

焦慮的人不太能聚精會神，因此很難看出問題的核心所在，也分辨不出事情的輕重緩急。他們總是很不耐煩，所以常常會激發別人最糟糕的一面來回應──那些人包括顧客、客戶，以及未來可能的重要合作對象──就這樣經常把關係搞砸了。

所以可想而知，假如你想要擴大成功或賺錢的機會，就應該避免讓焦慮在你的工作環境或心裡擴散；也就是說，你不需要把別人拖下水，跟你一起擔心，最好的辦法就是不要把情緒表現出來，這樣做會帶來很多好處。

如果我感到焦慮，其實這個焦慮是發生在我的腦袋裡。舉例來說，假如我擔心未能在期限之內完成某件事，我就會滿腦子想著那個期限，而那就是我的焦慮來源；又如，假設我稍早去接洽了一位相當難纏的客戶，之後一直想著那位客戶，結果焦慮就持續留在我的心裡。

有時為了排憂解鬱，或甚至是為了好玩，或者也可能純粹是一種習慣，我們總喜歡把自己的煩惱對旁人一吐為快，鼓勵他們一起進來淌這個渾水，也讓他們注意到這些問題。我們習慣去思索、去可憐、去強調那些負面的事情；假如我們的同事全都栽進這個焦慮裡，他們就會加強這個焦慮，使我們雪上加霜，形成一個難以破除的惡性循環。我想不出還有什麼狀況，會比一整群人全都沮喪、煩躁、緊張兮兮更容易壞事！

當你決意要讓焦慮停止蔓延，你會發現自己能輕易地在焦慮（尤其是那種芝麻蒜皮小事）快要冒出頭時，就立即斬斷它。你拒絕「散播病毒」的心態，不只能防止焦慮在工作場所中蔓延，更重要的是能夠讓你瞭解，讓我們激動焦躁的那些事，其實都不是什麼大事；再者，本來讓我們緊張得茶不思飯不想的事情，到頭來常常都只是自己在杞人憂天而已，結果什麼事也沒發生。

有一次，我開車載著克瑞絲和孩子們到機場去，一路上，我一直擔心會趕不上飛機，並且杞人憂天地不斷叨唸著，搞得大家全都陪著我一起擔心，結果反而讓我變得更擔心了。後來我們順利搭上了那班飛機，但我覺得自己把大家拖下水一起擔心，實在太蠢了，這實在是百害而無一利的事；假如我當初懂得不讓焦慮蔓延，那就不會讓大家在車上擔心受怕了。

不讓焦慮蔓延的道理，也可以運用在單純的家庭理財問題上。有個朋友告訴我，她很擔憂她和丈夫都不太會記帳，有一次，就在她處於焦慮緊張的情緒下，她對她丈夫發飆，嚷著：「慘了，一切都亂七八糟的！」結果讓她丈夫也跟著焦慮起來，開始擔心他們的報稅資料，然後他也變得緊張兮兮、脾氣暴躁。之後她發覺，其實她應該忍耐一下，等到心情平靜之後，再去跟丈夫討論一些有建設性的解決方法，才不會讓事情一發不可收拾，更不用讓兩個人都陷入焦慮不安的處境之中。

當然，有時候把我們心中的焦慮告訴別人，是有其必要的，或許說出來之後，可以幫助解決問題；但是，如果捫心自問，我相信你也會發現，大多數時候，不讓焦慮蔓延，會比散播焦慮，對事情更有幫助。

62 別在心情不好時做決定

情緒是人生中不可避免，並且不得不去面對的神祕部分。我們對情緒的理解認同，不但大大影響了我們的智慧和觀感，同時也決定了我們對一切的滿足程度。一般說來，當我們的情緒高漲時，精神也會隨之振奮；而當我們的情緒低落時，精神便會低迷不振。情緒就像天氣，無時無刻都在變化。

情緒的糾葛在金錢方面表現得更為明顯。比起心情好的時候，我們陷入低潮時會更常想到自己的不足，會開始擔心；我們拿自己跟別人比，深信別人做得比自己更好；我們會鑽牛角尖地認為，賺錢是件苦差事。或許我們相信自己沒有足夠的金錢或機會，或者覺得人人都很自私，只為自己打算。

情緒最有趣的一點在於，在相當大的程度上，當心情低落時，我們只相信這些負面、可怕和自我挫敗的想法；心情高昂時，我們的想法就大不相同了，我們就不會太憂慮，我們不會一口認定別人做得比我們好，或是浪費精力去跟別人做比較。我們明白，彼此都走在不同的道路上，盡力而為。我們不會抱怨賺錢是件苦差事，反而會對這整個過程感到很興奮，並能看出為自己和他人創造財富的新方法。我們不再認為金錢的供應有限，知道賺錢的管道多的是。最後，我們不會認為人人都是自私自利的，反而理解大部分的人都是很慷慨而樂於付出的；至於其他那些人，只是一時的迷失罷了。

所以你該怎麼辨呢？祕訣就是，在心情開朗的時候心存感激，在情緒低落的時候保持風度。記住，情緒對你的思考和感覺方式都有影響。你對情緒的瞭解，讓你得以保持平衡，不會把心情低落時的想法看得太嚴重。你不會相信負面而可怕的感受，反而可以輕易地將這些感受當作心情不好來打發。

同樣的道理也適用於你的創造力和你創造財富的能力上。心情不好時，不要做出重要的事業（或人生）決定，不要勉強，因為你的想法和智慧不像心情高昂時那麼健全。

別再擔憂你的心情了，情緒本來就是起起伏伏的。只要當下能夠明瞭自己被情緒困住了，通常就可以讓心情振奮。再提醒你一次，不要憂慮！心情愉悅時，你的創造力也會跟著源源不絕地湧現出來。

63 反省讓我們避免浪費過多精力

反省是最少被善用，卻又強而有力的致勝工具。反省讓我們避免浪費過多精力，並且得以用最少量的努力來找出解決之道，這與「用力」去硬逼出答案是恰恰相反的方式。反省是讓答案在你眼前自然顯現，通常你只要做一點努力，甚至完全不必費力。

反省的一項好處，就是可以消除我們的自大。在安靜的心靈狀態下，我們可以看清事實，包括自己對問題應負的責任、做事情的新方法，以及障礙自己的方式。反省讓我們察覺到自己所設下的限制，以及思考中的某些盲點。

反省就是不再障礙自己，靜下心，讓答案在沉靜中自動浮現出來。通常，當我們在尋找答案時，我們會「調高思考的音量」，這可以稱作主動式的問題解決方法。我們想，想，想，然後繼續再多想一想；我們全神投入這整個過程。找到解決辦法時，就歸功於我們，找不到時也怪罪自己。

大部分時間，當我們積極在思考時，想的是已經知道的事，熟悉的事。我們試圖用原先創造問題的同一個理解層次來解決它，結果多半只是繼續繞著圈子打轉而已。

相反地，經常反省的人，瞭解我們所直接連結到的一個更深層的智慧，而我們只是那其中的一部分。這個安靜的智慧來源，對我們而言是無限的，因為它時時存在。唯一阻止我們去傾聽或連接這個智慧的，就是自己心中喋喋不休的雜音。當我們把自己的思想「音量」關小時，就開始察覺到這個更深邃的智慧。這就是反省。

最近，我跟一位同事發生人際衝突。在我心中，我將所有的問題都怪罪在他身上。我越想就越相信問題是出在他身上，情況糟到我考慮跟他拆夥，而我們的合作關係在之前，一直都很愉快。

我太太克瑞絲建議我暫時不要去想這件事，以後再做決定；他勸我開車出去好好靜一靜。我聽從了她的勸告。當我靜下來以後，我才看清楚了我們之間的問題，其實有許多責任是來自我自己，我看清楚自己對於不良的溝通與不切實際的期望也有責任。

只要暫時停下來靜一靜，你就會訝異於大部分的問題竟然都迎刃而解，而你也會驚喜的發現，新的創意輕而易舉地就流入了你的生活。雖然你的內心很平靜，但卻不封閉。

相反地，你將會使用到一個從未觸及的心靈層面，也就是一個比較柔和，比較聰明的部分；這個層面瞭解最不受阻的道路，以及新的解決方式。成功通常是一種把某件事做得特別棒，或者比過去擁有更多創意，而反省就是促成這一切最強而有力的工具。

64

對自己的錯誤一笑置之

你是否注意過，越在意自己的過錯，就越容易重蹈覆轍？你把問題看得越嚴重，就會製造出越多問題？這是因為你的行為總是跟隨著自己的注意力，就像小狗跟著母狗團團轉是一樣的道理。

當你的心中充滿了困惑或衝突的細節時，你的注意力就已經被固定在負面的方向上了。因此，當你把過錯當成一件不得了的大事，或當你把自己看得太重時，你就已經開始鋪設重蹈覆轍的舞台了。

精神力量是具有強烈潛力的有用工具。不過，還要看你把力量用在哪個方向。如果你的能量只傾向於關注問題和憂慮，那你將看到以及可能創造的就是問題和憂慮；如果你能量充沛，你的心就會處在比較有創造力的模式之下——尋找解答、看見機會、累積實力，你的心會接納建議和更好的新方法，也將因此具備獲得勝利的正向心態。

說到能量的使用，用在正面比用在負面的事情上更有力，例如：致力和平，而非對抗暴力；精益求精，而非避免落於平庸。

保持輕鬆的心情，對你的錯誤一笑置之，並不意味著你不在乎，或你不介意犯錯；這只是表示，你拒絕讓沒必要大驚小怪的小事，把問題弄得更複雜；這表示你瞭解保持平衡的價值，即使身處逆境也懂得幽默。

在每件錯誤中，都有誘發人們成長的潛力；每個問題，也都有它自己的解答。不過，當你把過程看得太嚴重時，你便干擾了自己看見答案的能力。

下次你犯錯時，不要用平常的方式去處理它，自我解嘲一番吧。你將對自己能如此迅速、輕易地解決問題，而感到詫異不已。

65 避開小題大作的惡性循環

很少人能夠避開過度反應所帶來的惡性循環。人們總是不知不覺地對某件事情，產生不恰當的過度反應——然後又過度分析，讓事情變得更加複雜。下面就是一個典型的例子：有人批評你某方面的工作，你對他的批評反應過度，變得有戒心。彷彿這還不夠糟，接下來你又花了半個鐘頭來分析他的批評，說服自己那些批評都是錯的。一連串的想法掠過你的心頭，你把焦點放在這些思想上面。你越是這麼做，就感到越糟糕，也變得越疲倦。

問題是，當你被淹沒在戒心和頑固之中，你的效率究竟如何？事實上，在負面心態下，我們失去了創造力和喜悅的心情，我們浪費了不必要的精力，來做出極為差勁的決定。如果你能一開始就把這些過度反應的惡性循環連根拔除，那不是很棒嗎？

你一定做得到！祕訣是在看見情緒反應出現時，努力「遏止」它們。每個負面反應都有一個負面感覺，像是急躁、懊惱或不耐煩。這些感覺常常被我們用來將更進一步的負面情緒合理化，例如，我們對自己說這樣的話：「我有權利生氣。」現在我們把焦點放在憤怒上，我們便想起其他也令我們生氣的事情，如此沒完沒了。這一來便對負面感覺火上加油，創造出了一個不斷擴大的負面漩渦。

如果我們不去加劇負面感覺，而反過來把這些感覺當作是警訊，提醒自己注意可能產生的麻煩，我們就會站在一個有利的位置，在事情失控前停止惡性循環。

例如，前幾天我在等待一通重要的電話，等了又等，在內心裡我相當肯定，對方答應會在特定時間，打特定專線給我，但她卻以為是我要打給她。由於我在等待時，正在講另一支電話，所以我也沒有打給她。最後，她打來了，對我大發脾氣。我立刻擺出防衛姿態，也很生氣。「她竟敢如此！」讓我極為光火。

拯救我的是把負面感覺變成保護警訊的能力！像閃電一般，我在提醒中冷靜下來，得以看見彼此的無辜，我們之中有一個人弄錯了，這沒什麼大不了的。沒多久，我腦中就有一個細小的聲音說：「放鬆，不要把小事搞大。」片刻後，我恢復平靜，先向她道歉。說真的，我沒辦法知道究竟是誰記錯了，誰在乎呢？重點是，我如果繼續沉溺在情緒反應的漩渦中，就會危害我跟這個人的工作關係。

結果，我們的小小誤會並沒有釀成一樁大事件，在幾秒鐘內，我們就忘了這回事。沒有浪費精力，沒有熱烈激辯，沒有不必要的討論，沒有戒心或消極的攻擊行為。

許多潛在問題都可以用這個簡單的策略來避免。負面的反應對你沒有好處，你只需要施展一點智慧來瞭解，並且用退讓一步的謙遜和意願來溝通，如此，就能免去不必要的麻煩了。

富裕是一條喜悅的道路，不過，我們偶爾會迷路。不要浪費你寶貴的精力，去惡化一個早已陷入負面的情況，當你遏止過度反應的惡性循環繼續蔓延時，你將會驚見人生變得多麼平順，而你又多麼輕而易舉地就可以回到正軌。

66 打發掉你的負面念頭

我們都有一些阻礙自己的想法，比如大家常常掛在嘴邊的「事情本來就是這樣」，這就是一種阻礙進步的習慣性想法。我的習慣性想法就是：「我沒有時間」。日復一日，在成人後的大部分日子裡，我都會提醒自己這項自我設限的想法；有時候，我會一天提醒自己好幾次。

每天自我灌輸這種負面信念，對自己有什麼好處呢？考慮一下隨著這個想法而來的微妙訊息。畢竟，我相信「我沒有時間」，我也必須相信「我永遠無法及時完成任何事」「我會不斷處在壓力下」「沒有時間可以浪費了」，還有其他相關的狹隘想法，都會直接干擾我的成功及生活品質。這項信念幫助我完成了什麼事嗎？當然沒有！它帶給我喜樂嗎？沒有。這項信念產生的任何影響都是絕對負面的。

你最不利於自己的想法是什麼？是不是相信自己不夠好，或是不夠幸運？或許你相信自己不值得成功，或者其他人控制了你的命運。或許你相信人們刻意找你麻煩，或者是時勢下的犧牲者。不論你所相信的是什麼，都不值得保留，當然也不值得辯護，可是每次你提醒自己、告訴自己這些狹隘想法時，都在強化一個會直接干擾你成功的念頭，它在你所處的地方，以及你想去的地方之間，築起一道牆。每次你對自己說：「我永遠無法突破」，或「我也沒辦法，我向來如此」，當你散發出任何負面訊息時，就好像在對自己說「我不想成功。」

每次我又陷入老習慣，告訴自己「我沒有時間」時，我便牢記對自己所造成的傷害。我提醒自己，這個或任何不利自己的負面想法，都沒有任何價值。我建議你也這樣做。你可能會驚訝，甚至感到震驚，自己多常對自己或他人，重複這樣不利自己的聲明。好消息是，你會驚喜自己多麼容易就可以去除這種念頭的負面影響；只要你拒絕繼續下去就好。答應自己不要再強化所有的負面信念，不要去討論，甚至不要去想。當熟悉的負面念頭浮上心頭時，輕輕打發它，就像你揮走野餐上的蒼蠅一樣，無須付出寶貴的注意力；把你的精力省下來，留給正面的想法和行動。一旦你把最不利自己的念頭掃除時，就會發現富裕和喜樂已經在不遠處等著你了。

67 不抱怨讓你獲得相對順遂的人生

我們很難找到一個成功人士對環境大發牢騷、抱怨不停或煩躁不安，儘管他可能克服了天大的障礙才達到成功。相對地，我們卻常常見到掙扎的人不斷抱怨環境，因為他缺乏喜樂和富裕。真正的問題是：哪一個在先——態度還是成功？答案是，在所有的情況下，要先有勝利的、正面的態度，才會有終生的富裕。

你的環境本來就如此，從來就沒變。如果你今年四十五歲，排行居中，到了九十五歲時，你的排行還是一樣的。不論你是黑人或白人、男人或女人，或者你被虐待了，被占了便宜，或破產，這些因素都無法改變。你的父母無法送你上大學，你必須半工半讀，或者走十哩路去上學等，這些都是你的過去，而現在該是忘記這些過去，繼續前進的時候了。

當你決定拋開自己的抱怨時，將會發現人生變得比較順遂、有趣。抱怨只會讓你可憐自己，讓你感到悲傷、憤怒、受害、多疑和自以為是。當你為自己的侷限辯護時，你的想法和話語只會妨礙自己，大大干擾了創造能力。把抱怨掃除，你就可以發揮創造力，給予聰明才智爆發的空間；你將因而更專注地活在當下。不要專注在問題上，你就會開始看見解決之道；不要抱持「我不行」的態度，對自己建立一個比較正面的看法。

它所需要的只是一個簡單的決定；決定阻止自己掉入抱怨的老習慣。要觀察自己多常抱怨，起初可能很困難，甚至可笑。習慣是很難改變的，可是在這種情況下，卻值得努力。

當藉口或抱怨浮上心頭時，請將它們輕輕趕走，就好比你趕走野餐上的蒼蠅一般，不要過於擔心，你很快就會習慣沒有抱怨的美好生活，以及隨之而來的勝利成功。

68 別讓恐懼情緒綁架你

如果你收集一般人心中所有的恐懼念頭，然後客觀地觀察，想想看這些念頭對這個人有什麼好處，你就會清楚地發現，不只是某些而已，而是所有的恐懼念頭都一無是處。它們沒有半點好處，一點也沒有，它們干擾了夢想、希望、欲望和進步。

恐懼念頭有許多面貌。有時候聽起來很合理：「我只是比較謹慎，所以我要慢慢來。」其他時候，他們是受到過去的牽絆：「我已經試過了，可是沒有成功。」偶爾，恐懼也會聰明地偽裝為實際：「大部分的人都失敗了，所以在開始之前我一定要有絕對的把握。」我可以列舉好幾頁的實例。

然而，當你仔細、誠實地觀看每一個恐懼念頭時，卻有相似的蛛絲馬跡可循：他們都是在解釋或合理化某件事為何行不通，他們通常是半途而廢或遲遲未開始的行動，在找合理的藉口。對我來說，恐懼念頭就像是一條精力旺盛的狗身上所拴的皮帶：它會將你往回拉，不是偶爾，而是時時刻刻。

一位好批評的人，尤其是個性膽怯的那一類人，會認為這個勸告不切實際，太單純，或愚蠢。克服這些反對意見的問題出在，表面上看來，似乎頗有道理。我向你保證，我不是勸你忽略事實，冒不必要或愚蠢的風險；我也不是建議你，你應該嘗試自己全然沒有資格去做的事，例如，如果你的夢想是進NBA打籃球，而你已年過四十，且體重超重，身高又只有五呎六吋，那還是算了吧，你是不可能夢想成真的！

我在這裡談的恐懼是清清楚楚直接妨礙你夢想的那種，害怕被拒絕、害怕失敗，有這樣的念頭：「人人會怎麼看我？我看起來可能很愚蠢。」，或者「我不認為自己做得到，我沒有時間、經驗、信心或預算。」這些陰魂不散的恐懼念頭，都是我們自己幻想出來的夢想破壞者。

例如，我認識一個獨立的推銷員，她的目標是增加一倍的收入。她的「理性」恐懼以這樣的面貌出現：「我不能在週末打電話給客戶，因為我可能會得罪他們，或是占用了他們的家庭時間。」事實上，當然是她不敢打電話。

所以，年復一年，她都沒有打成電話，因此她的目標總是離她很遙遠。於是有一天，她決定拋開恐懼，拿起電話。由於週末在家的客戶更多，心情也更放鬆，她發現，這其實正是打電話的最好時機。一旦拋開恐懼，一切就輕而易舉。結果，她的收入不只是加倍，更是達到了三倍的成長。

現在我想建議你嘗試某件可以改變一生的事，承諾自己下個月將會練習拋開，或忽略任何浮上心頭的負面和恐懼的念頭。當恐懼浮上心頭時，溫和但是堅定地將念頭打發走；當它們又回頭時（這是必然的），再次打發它們走。這比你所想的容易，只需要勇氣，以及一點點的練習。一再努力，直到恐懼徹底消失為止。沒有了恐懼念頭的干擾，你將會發現，人生比較輕鬆也比較有趣。

69 接受你無法改變的事實

這個策略是從平靜禱告詞轉化而來的，這段禱告詞是這麼說的：「主啊，請賜給我力量去改變自己做得到的事，賜給我平靜去接納自己無法改變的事，並且有智慧去區分其中的差別。」多麼強烈而不可思議的訊息啊！如果你大部分時間都能實行這項策略，你能想像生活會變得何等平順嗎？

各行各業都有一些我們必須應付的事情。有些事情是我們可以改變的，有權力控制的。還有一些事情是絕對超乎我們的掌握範圍的。然而，我們又有多少時候不肯花費時間和精力，去做自己有能力控制的事，卻對無能為力的事情大發牢騷，抱怨個不停呢？

通常，由於我們的先後緩急順序搞錯了，結果只是追逐著自己的尾巴團團轉，徒然浪費時間。一旦我們改變方向，把這因素納入適當的考慮，只專注在那些我們有能力控制的事情上面，就容易回到正軌上了。

最近，我有一位朋友從極度成功的房地產事業退休。他認為，許多競爭對手失敗的部分原因，就在於他們缺乏「事情本如此」的接受能力。許多人不但沒有專注在他們可以而且應該做的事情上面，反而浪費時間抱怨官僚制度，試著逃避法令規章。照他的話說來，「應付官僚是生意的一部分，證券交易委員會和其他政府機構只是遊戲的一部分。如果你唉聲嘆氣、抱怨個不停，你就會沉淪！」

同樣地，營造商必須取得許可，跟政府機構打交道，處理環境和安全因素；農人必須面對天氣狀況，以及其他無力控制的因素；公司職員必須面對荒謬的備忘錄、冗長的會議和惡劣的上司。不可避免地，任何行業中的成功人士，都是那些順應工作中「必要」部分的人，而非苦苦掙扎去對抗的那些人；反之，失敗的人都是去對抗不可避免之事的那些人。

人人總是忍不住要去介意人生中無力控制的層面；你有多常聽到人們抱怨稅賦？雖然沒人喜歡納稅（包括我在內），當然也沒人應該去繳納高於法定限額的稅款，可是花時間來創造財富，總比抱怨納稅來得有智慧多了。

如果你覺得有必要，儘管去鼓吹降低稅賦。如果你選擇這麼做，就去主張你的意見；可是，一旦做過你能做的事以後，就放手吧。知道何時該罷手，把精力花在你做得到的事情上——專注在創作、創造力、正面思想以及解決之道上。想出一個新點子，一種有用的產品或服務，或一種全新的做事方法。改善現有的事業，建立新的人際關係，打你一直在逃避的電話。

別再抱怨納稅，相反地，專注在賺大錢上，讓稅金變得微不足道！做有把握的事，你能控制的事。一旦你開始用這種方式思考，你就會欣喜地見到，創造你所渴望和值得的財富，有多簡單，有多快樂。

70 別浪費時間驚慌失措

四眼天雞（Chicken Little）說「天快塌下來了」時，的確是太大驚小怪了；但同樣地，若事情的確如他所說的那麼嚴重時，我們最重要的是要保持正確的觀點。記住，當某件事正在坍塌時，它不會永遠往下掉，人生總是有起有落。

加州的房地產市場就是一個大起大落的絕佳實例。我這一生，起起落落好幾回，然而，在變動起伏中不變的是，許多人在時機不好時，往往會因恐慌而見異思遷，他們認為下跌是永無止盡的，事情只會越變越糟。現在回顧起來，我們就可以發現，進場的最佳時機，正是當其他人都恐慌撤退的時候。

在生意上，人們幾乎對任何事情都感到恐慌：錯過截稿日期、沒收到訂單、受到別人的批評、害怕出錯、下跌走勢。只要你想得到，說得出的行業，都有人為它恐慌過。然而，我卻不曾見過一個情況，是拜恐慌之賜才解決問題的；相反地，恐慌時，最佳的局面頂多是不好不壞，最糟的狀況則是打亂了一切。恐慌總是會激發每個人最糟的一面，它會讓別人（和你自己）感到緊張和害怕，它增加錯誤的可能性，讓你錯失機會、溝通不良。

沒有任何事情會像恐慌那樣破壞成功和財富的創造。當你決心停止恐慌，就會注意到一些不可思議的事情開始發生。首先，你會注意到自己擔憂的事情多半永遠不會發生，或者沒有你原先所想的那麼糟。富蘭克林（Benjamin Franklin）說過：「我這一生經歷了許多可怕的事，但真正發生的卻寥寥可數。」只要停止恐慌，你就不會浪費時間、焦慮，也不用白費精力去解決根本不需要解決的事。其次，當你學會保持鎮靜，你的智慧就可以浮現；在沒有憂慮干擾的情況下，答案自然就會浮現。

你不但不會滿腦子充滿憂慮，還會創造出一個接一個的解決之道。最後，當你保持冷靜時，你真的會帶出他人最好的一面，因為許多人的反應都是跟著別人的感覺而起。如果可以保持平衡，和你共事的人就有機會變得跟你一樣。

人生苦短，就這樣憂慮過一生太可惜了。你如果想要激發出自己的最大潛能，就從思考中完全消除恐慌，這將會讓你步上富裕之路。

71 阻礙夢想實現的最大障礙是懷疑

在夢中，你可以做最不可思議的事情：同時出現在兩個地方、瞬間轉換場景和環境、穿牆而過、變成富翁和名人、克服大障礙、跟父母和平相處、創造巨大財富、寫出暢銷書、對一百萬人演講，這些都還只是信手拈來的幾個常見夢境而已。

在整個夢境過程中，你從來不會懷疑自己的能力；事實上，你能想像在夢中質疑自己的能力有多荒謬嗎？你能想像自己說：「等一下，我不能那麼做？」在夢中，你多常失敗呢？少之又少。可是，如果你失敗了，通常是為了一個特殊目的：去學習某件事、去測驗你的力量、去克服大障礙、進入成長的下一個階段。因為你不懷疑自己，所以所有事情都是有可能的。

然而，在清醒的狀態中，大部分的人每天都浪費了一大堆精力，去懷疑自己的能力，這是我們的一大損失。我們幾乎在每個轉彎處都懷疑自己；懷疑自己的寫作能力，不相信自己能向群眾演講、能想出一個新點子或解決之道、能克服障礙、能創造一個比較好的捕鼠器、行銷一項產品或服務，或是跟一個難纏的人溝通。我們質疑自己的價值、值得拿多少薪水，或者我們對一個組織或一個企業有多少價值或才華；我們懷疑自己能克服拒絕、重新來過，或擁有面對挑戰的能力。

必勝的成功策略，就是將懷疑從你的生命中驅逐，統統趕走。這並不表示你應該開始做傻事，或做幼稚的決定，這只是說你應該開始信任自己，創造內在的認知，知道自己已擁有勝利者所應具備的一切條件，可以讓夢想成真。唯一的真正障礙就在於懷疑本身，而所有的懷疑則又來自你自己的念頭之中。

多年以來，我一直相信自己無法在眾人面前演講。我全心相信這項自我設限，甚至有具體的證據來證明我的信念是真的，就像我曾經提過的，我曾有兩次在嘗試演講時昏倒。

後來有一次，一位良師益友把我推到一群人面前；在輪到我說話前，他轉身對我說：「理察，你無法對一群人講話的想法絕對是荒謬可笑的。把這個瘋狂的概念從你的心中掃除，一切都會順利。現在，就克服它吧！」他的話至今猶言在耳，彷彿是今天早上才說過的一樣。他說對了；一旦我將懷疑的念頭從心中趕出去，演講就變得毫不費力。

生命中牢牢攀著任何懷疑都是十分愚蠢的事，它對你沒有任何好處，所有的懷疑都浪費精力，而且干擾了你與生俱來創造財富的自然能力。無論停駐在心頭的是怎樣懷疑的念頭，都讓它們離去吧。這一切都比你所想的還容易，而且將會產生莫大的回報。

72 別擔心來自四面八方的冷水

有許多人是依據其他人（父母、親人、教授、朋友）的意見，而選擇他們的職業和生涯方向的。「你應該做醫生、律師、飛機駕駛員、音樂家」，這是非常強而有力的訊息，尤其是當這些話一再被重複，而且跟地位、特權、社會認可和其他心理讚賞連在一起的時候，更是會對一個人造成莫大的影響。

下面這個簡單的例子，是我所認識的一個人的真實故事。史帝芬從小就被告知，將來要做律師，讓父母以他為榮。他成長時知道這是討好爸媽的唯一方法，而所有的親戚也都期待他會選擇這條路。這些年來，家人更是常向人提到這位「未來的律師」。（家族成員中也有兩位律師，這兩位都功成名就，家中每個人都很景仰他們。）

後來，史帝芬確實成為了一位律師。但問題是，他不但討厭法律圈，而且也為竟然賺不到大錢而感到挫折不已。他的朋友和同事覺得有趣而興奮的法律層面，他卻覺得枯燥而困難。他掙扎了好多年，終於覺得自己快發瘋了。

透過短期的簡單諮商，史帝芬發現，由於害怕令父母失望，他被迫進入一個無法給他任何成就感的行業。他的顧問說服他，害怕他人反對會干擾成功的大好良機。

在諮商過程中，發現了這個恐懼來源之後，他拜訪了一位職業顧問，透過一系列的性向測驗發現，他的法律適任能力，落在最低的四個百分比中。難怪他會做得不成功！他只能勉強合格。測驗顯示，他比較適合市場行銷和促銷這些行業。

於是，他決定利用機會改行；現在他不但喜歡他的新行業，而且生意興隆。他的許多行銷點子都大獲全勝，很快就變成了「熱門的搶手貨」。他的經濟狀況很快就有了極大的扭轉，如今，他十分富有，更重要的是，他很快樂。

這項策略所傳達的訊息極為重要：我們想要取得最好的成功機會，必須先消除恐懼，包括害怕別人反對的恐懼。請檢查你進入目前職業的原因，究竟是不是出於真正的喜悅和興趣？這才是致富的所在。有沒有一項因素是為了取悅父母，或別人？或是為了可以引人注目？如果這些問題的答案是肯定的，你或許應該再想想其他行業了。

如果有必要，找個心理專家或職業顧問，他們可能可以給你一些啟發，或者提供你一些有用的指引。不論需要做什麼，都值得你努力一試。如果你改行去做別的，是因為那一行才是你真正喜愛的，而非你以為那是「該做的事」，那麼你距離成功可能就比你所夢想的要接近得多了。

73

千錯萬錯都是別人的錯？

人生中最令人難以抵擋、最容易在不知不覺中養成的習慣，恰好也是最容易讓你失去活力、不再擁有喜樂和富足的習慣。我說的是，遇到失敗挫折時，就開始責怪別人或外在環境的習慣；簡單地說，就是怨天尤人。

責怪別人是很容易的事，這個習慣會一點一滴，慢慢地滲入我們的生命中，但也可能在短時間內就在我們的生命中生根發芽。責怪別人的心態會自然而然地出現在我們的思想和談話中；舉例來說，我們會這樣想：「如果我銷售的那個商品，品質好一點的話，那我肯定能賣得更好。」或者，「如果經濟好一點的話（或是我的競爭對手不那麼黑心的話，或我的運氣好一點的話，或我不是做這一行的話），那我一定能賺更多的錢。」

我們也可能歸咎於自己改變不了這個時局，或是錯失一個良機，或沒受很高的教育等；或者，我們也可能會抱怨我們的丈夫或妻子，「我得四處跑來跑去的，害我不能考慮那個新機會。」或「我沒辦法，又沒人教過我怎麼跟人談生意。」還有這句你覺得如何：「要是有時間的話，我的身材就可以保持得很苗條。」這種推卸責任的習慣隨時隨地都在發生，我們怪罪我們的競爭對手、員工、政府、我們過去的經驗、年齡、性別，甚至我們的父母或目前的家庭。

我們推卸責任的習慣，也不是一無是處的，我們的抱怨之中，多少也帶有一點點事實的成分。但這也是問題的一部分，我們永遠都找得到支持自己怨天尤人的理由，但這些理由只會讓抱怨持續下去，使我們看不到問題的癥結所在，而這個癥結才是真正主導我們自己的人生和命運的答案。

我們很容易就可以將自己缺乏家庭互動的問題，歸咎到沒有時間，畢竟要承認自己沒把家庭放在第一位，並不太容易。同樣地，說服自己都沒有得到休假，這花費不了什麼力氣，遠比努力去爭取休假容易多了。這個觀念用嘴巴說說很容易，但要身體力行就困難多了；但是當你真正去付諸實踐，也會得到驚人的回報（不管是不是金錢上的）。

大多數的時候，責怪並沒有那麼露骨而討厭，反而多半是在不知不覺的情況下進行的，因此才會那麼難以察覺，也那麼難以戒除。但是，你若抱著謙卑的心，承認自己有時也會落入這個習慣中（你自己也必定能夠找到一些實例），那就能夠開啟各種可能性，無論做什麼幾乎都能獲得成功與樂趣。一旦你發現自己能掌握自己的命運，你的人生將能發展成神奇與成功的冒險旅程，而這才是你應該有的人生。

我一直很讚嘆這個觀念對我自己的人生有多大的幫助，我所發現的結果也一再地令自己驚訝。下定決心改掉怨天尤人的習慣，讓我可以活出夢想中的人生；如果你願意試試看，我想你也能得到同樣的收穫。

74 生氣時別寄電子郵件

這個觀念是從我太太克瑞絲那裡借來的，她是在她的著作《別再為小事抓狂：做自己的女人最幸福》（*Don't Sweat the Small Stuff for Women*）中提到這個觀念的。這個觀念對於維持良好的事業關係、賺錢、避免不必要的衝突，以及擁有美好的人生，都有非常重要的影響，因此，我忍不住想再提一次。

網路——尤其是電子郵件——讓我們的溝通更便利；不管是寫信、分享意見，甚至簽訂合約，都只在一瞬間。網路所帶來的便利是令人讚嘆的。

但是，電子郵件卻有一個缺點，值得大家注意。問題就在於，當你在生氣時寄出的電子郵件，很可能會讓你後悔一輩子。在被激怒或生氣的狀態下，或者是在失去正確判斷的情況下，很容易出現衝動的行為，而不是冷靜理智的行為。只要一瞬間，你就可能會讓某人困惑不已，或是傷害他們、激怒他們，甚至摧毀了一段友誼。

但有個好消息，那就是反過來說也成立。假如你對某人很生氣，想要透過電子郵件去傳達你的感受，但你後來還是把這個衝動壓抑下來了，你的克制行為會為你帶來極大的好處。我就舉自己的例子來說明。

就在我連續幾天忙得暈頭轉向時，我收到了一封口氣不好，甚至略帶威脅意味的語音訊息，外加一封語氣同樣惡劣的電子郵件，那是與我有生意往來的一位客戶寄來的。看了之後，我當下難得一見地（但願如此）反應過度，我簡直就要氣炸了。回想起來，我根本就是在為小事抓狂。

無論如何，我洋洋灑灑回了一封氣勢絕不輸他的信，比起來他的信算很客氣了；我直陳我的不滿，表明打算直接斷絕我們的合作關係。氣憤地敲著鍵盤，終於把信打完了，正準備寄出去，幸好就在這個時候，我突然察覺到自己的行為，我發現自己反應過度，把對方的意見當成是針對個人。於是，我把信刪掉了，沒有寄出去。

長話短說，那個決定讓我獲得極高的報酬。那位仁兄第二天立刻打電話來向我道歉，解釋他的立場，其實他並沒有那個意思，只是有些事讓他情緒失控。直到今天我們的關係仍然依舊，完全沒有被這件事所影響。

想學習不為小事抓狂，有不少方法和步驟可以去實踐，而這點肯定是其中的一個方法。只為了小事抓狂，不肯一笑置之，只是按了一個「傳送」鍵，真不知道每天會有多少事業關係被摧毀，或至少產生了不利的影響？

實用的建議如下：當你生氣時，可以的話，絕對不寄電子郵件，因為容易一觸即發，等到你冷靜下來再處理。大多數的情況下，冷靜之後所說出來的話，會更理性，更能讓合作的對象接受。長期下來，你就會賺到更多錢，建立更多更好的關係，更不用一天到晚對人解釋道歉！

75 大部分挫折都只是芝麻小事

問題不在於我們是否會有事業上的（和人生上的）挫折、失望和失敗——我們一定會有的，問題是在於，我們該如何面對挫折？我們會不會像很多人一樣，簡直要抓狂了？我們會不會感到沮喪失志、動彈不得、悲觀無望？或是我們能夠以更積極的態度來面對？

從事後看來，我們很容易可以發現，大部分的挫折都只不過是「芝麻小事」，卻被當成不得了的大事。換句話說，那些挫折在當下看來，或許是很嚴重的大事，甚至讓人覺得無法克服；但是，一旦我們經歷之後，再回過頭來看，會發覺這些挫折，甚至失敗，都是成功不可或缺的一部分。曾經有好多人告訴過我，被迫去申請破產，是他們這輩子最棒的經歷；當然，在當下一定是痛苦的過程，但之後不但讓他們覺醒，還讓他們學到了寶貴的教訓。

我曾聽過一位演講者，舉了人們開車尋找停車位的例子。他說：「人們似乎一直注意著到處都停滿了車子。」他的意思是，很多人看到大部分的位子都被停滿，心裡就開始沮喪了起來；人們常忘記，你需要的不是一大堆停車位，你需要的只是一個停車位，其他的都是多餘的。這似乎是個很簡單的道理，但卻是一個重要的觀念：你不需要事事都圓滿，你只要幾件事成功就行了；而且一旦成功了，種種的挫折自然就會煙消雲散。記住這個觀念，可以讓你豁然開朗，不再被沉重的壓力壓得喘不過氣來。

我跟不少廣播和電視名人聊過，他們都告訴我類似的訊息：「我很高興自己在別的地方被拒絕，才能被引導到現在這個地方。」全世界這樣的故事，我已聽過好多次了。很少有人沒遇到過挫折，一出馬立刻就成功；相反地，成功者通常都歷過試煉、錯誤、遭拒、挫折、失敗等。

或許你在打推銷電話時，一而再、再而三地被拒絕，你可以一直想著事情不順，感到挫折連連、毫無希望；但是，也可以從錯誤中學習，改進你的推銷技巧，忘掉過去的失敗，然後繼續前進。

不過，說得比做得容易，對吧？是沒錯，但陷入悲觀也不是好的解決方法，不管採用哪種態度，我們的狀況還是不會改變，儘管你用盡一切沮喪悲觀的想法，還是改變不了已發生的事實；所以，何必煩惱呢？

我認識一位很成功的財務規劃師，他之前在建築業方面做得很失敗；他很討厭建築工作，也損失了不少錢。但回顧起來，他認為自己能有今天的成就，大多得歸功於當年的失敗。

他說，要不是當時他那麼討厭自己的工作，而且在那一行表現得「那麼糟」，就不可能會找到真正的興趣：財務規劃師。

我相信，這個心態不只可以用來超越過去的挫折，更能用來突破目前的困境，幫助我們繼續向前行。換句話說，當事情進行得不順利時，你不應該被困在失敗的境地裡，讓自己心情惡劣，而是應該讓事情過去，看看能從中獲得什麼教訓，調整自己，然後繼續往前走。

學會在面對挫折時，不再焦慮，這個方法有著強大的力量，可以幫助我們過著成功及豐碩的人生。去掉了那些沉重、不得安寧的自我責難和煩惱，我們就能將能量轉向，讓自己變得更有創造力、更努力，也更成功。

76 勇於面對自己的生命課題

人們鮮少問自己這個重要的問題，甚至從來不問；相反地，他們自動假設，他們所面臨的任何問題，必定都是別人的錯。如果有什麼事出了差錯，也是別人犯錯；如果行程中有什麼閃失，「一定是別人的過失。」許多人就是從來沒想到，他們本身也有錯；或者，至少，他們也應該負一部分的責任。

從表面上看起來，相信永遠不該責怪自己，似乎很好；不過，問題是，抱著這種「永遠別怪我」的哲學時，你就永遠無法找到問題中真正可以解決的一面——你自己的責任。你一旦去除恐懼，承認自己有時候也應該為生命中行不通的那一部分（小討厭以及大問題）負責時，你就打開了一扇全新可能的大門。

一旦你願意為自己生命中的問題負責時，就會看見解決之道，只要做一點小小的調整就可以全盤改觀。有時候，做得很好跟做得很糟之間只有一線之隔。通常，解決之道只是改變你目前所做的某些事。

省思別人對這個問題所造成的錯誤與責任，並沒有幫助。你很少能對別人以及他們處理事情的方式做什麼。不過，改變自己的反應，卻是很簡單的（除非你太害怕了）。只要有可能，我總是試著看看自己的責任。例如，如果我對生意上的人際關係進展感到挫折，就檢討自己對待對方的方式。

我問自己像這樣的問題，是否逼人太甚或者要求太多？是否假定他或她瞭解我的要求，其實卻不然呢？是否說得不清不楚，還是不公平？這一類問題之所以有幫助，理由有二，第一，我總是可以看見自己應負的責任。第二，當我看見問題的所在時，通常可以做一點簡單的調整，就可以解決這個情況。

例如，上個星期，我對於在電話上跟某個人的溝通感到挫折。她為我做事，可是卻毫無成效。我感到不耐煩，不斷逼她執行任務。然後我才想起來，她可能是氣我逼得太緊了。我明白我對自己的要求很高，在不知不覺中，也希望她能用我的瘋狂步調做事。

當我真誠地打電話向她道歉時，我可以察覺到她在電話彼端鬆了一口氣。我後退一步，她的表現就進步了；我若是繼續把自己所造成的問題怪罪在她頭上，她就會懷恨在心，而且可能表現不出她的實力，結果，這會讓我們在這樁交易上都成為輸家。

當然了，我並非在暗示，凡事都是你的錯，或者要求你應該花很多時間和精力，去反省自己的過失，這麼做的話又是另一種不良習慣了。不過，重要的是，你必須誠實地面對自己的責任，而不要學駝鳥把頭埋在沙子裡。如果真的想要超越自己的人生，你必須願意照鏡子，謙虛而坦白地反省你對目前的人生所該負起的責任。這樣，你才能對症下藥，改善現況。

77 訓練心靈，遠離倒退檔

從心理學上來說，倒退的作用就跟汽車的倒車檔一樣，它讓你倒退。而且，就像你的汽車一樣，假如你想要改變方向，開始向前進，你就必須徹底換檔。因為開倒車檔的時候，是不可能前進的。

日常生活中的倒退聽起來就像這樣：「你知道昨天發生了什麼事情嗎？那些傢伙真的是有夠混蛋的，每次我努力做的事，都會被搞砸。這已經是我們這星期第六次沒按時到貨了……我真的到現在都還對她的話耿耿於懷。」這類例子不勝枚舉。任何時候當你拘泥固執、動彈不得、鑽牛角尖，甚至過度關心已經結束的事情時（不論是今天早上，還是十年前發生的），就形成了倒退檔。我建議你坦誠地面對自己，看看自己多常專注在倒退檔上（大概你所認識的人也大多如此）。結果，一定會讓你大吃一驚。

想知道你是否正處在倒退檔的狀態之中嗎？方法很簡單，問問自己是否有以下的感受或想法：它的感覺沉重而嚴肅，你無法前進，你甚至可能會倒退。你會停滯不前，深陷在情緒的泥淖中。你會感嘆過去、昨天、上週、去年，甚至你的童年。你會抱怨事情、人們、環境、事件、規則、問題和顧慮，而這些大部分都是已經煙消雲散的過去式。陷入倒退檔讓你做事的喜悅蕩然無存。它很枯燥無味、得理不饒人，而且有礙生產。

人們發現難以脫離倒退檔的原因是，他們可以輕而易舉地為自己的處境脫罪。換句話說，他們會強辯自己有「權利」處在倒退檔中，然後說出像這樣的話：「但是，是他破壞了這筆交易。」或者，「是她在大眾面前公開批評我的。」人們會利用確實發生過的事件來當成證據，來支持他們的憤怒和挫折。不過，他們無法認清的是，此刻，他們大感挫折的事件早就過去了。唯一讓事件繼續存活的因素，就是他們的記憶，和他們自己的想法。

向過去學習，向自己的錯誤學習，顯然是很重要的。不過，我可以向你保證，陷在倒退檔中絕對幫不了你這個忙。想要向過去的經驗學習，溫柔地反省我們處世的方法是有幫助的。但倒退檔可不溫柔；事實上，它很粗暴。

脫離倒退檔的方法是，注意觀察處在倒退檔時的感覺如何。如果你能觀察到自己——你的心靈、你的想法、你的注意力——專注在過往的事件或過去的挫折上，你就可以溫柔地將你的注意力拉回到目前。

訓練你的心靈遠離倒退檔，可能有點像訓練小狗留在你身旁一樣。小狗會逗留一下子，然後又突然跑開；你的心也是如此，它可以專注一兩分鐘，然後又遊移回早上煩心的事，或是昨天的挫折。訓練小狗最有效的方法是，溫柔地將牠引導回你的身旁。

同樣的方法對你的心靈也一樣有效。當你注意到自己的思緒又飄回過去時，請提醒自己，過去已經結束了，消失了。然後，溫柔而輕鬆地將自己引導回此時此地。你需要的只是一點點耐心和一些練習。不久，你耽溺於過去的傾向，將會變成過往雲煙了。

78 察覺精疲力盡的正面涵義

精疲力盡是商業世界會話裡的主要話題，我們討論它，害怕它，甚至為它存在的理由形成理論。根據估計，我們之中十分之七的人，會在某段時間感到精疲力盡，人人在事業上的某個時間點，也都會經歷燃燒殆盡的感覺。不過，對於精疲力盡的最常見反應，是我們對它的恐懼。我們擔心並揣測，它何時會降臨在自己身上？

你是否曾經後退幾步，看看精疲力盡的正面涵義？通常，精疲力盡是一個訊號，告訴你某個新的、令人興奮的、有利可圖的事就在前面不遠處！畢竟，要是沒有這一類的感覺，你大概不會改變，你會認為自己的生活何必做重大的改變？如果你覺得自己的事業和目前的方向都很棒，你的餘生可能會繼續做同樣的事情。

我曾經有一度以為自己將來要當一位職業網球選手。然而經過多年的陣痛，以及某些顯而易見的球技上的缺點，我開始感到精疲力盡。要不是有這樣的感覺，我一定會繼續留在原來的軌道上，結果可能會苦苦掙扎，大感挫折。要不是自己感到燃燒殆盡，我可能會錯過良好教育，以及對我個人來說十分滿足的職業生涯。當我回顧自己的前半生時，我可以看得到每次遇到正面的人生岔路之前，都有某種程度的精疲力盡。如今看來，那些全都是正面的精疲力盡。

我在這裡想說的重點是，當你感到疲倦的時候，無須膽怯或擔心。相反地，試著保持鎮定。請牢記，負面的感覺有時是會騙人的，它們通常是正面訊息偽裝成的負面感覺。當你的憂慮減少時，就會發生兩件事。第一，你會發現大部分的精疲力盡只是心情不好，小題大作。如果你不要過度擔心，它大概就會自動消失，你也可以在短期內恢復工作的熱忱。第二，你越不擔心精疲力盡，浪費的精力就越少，頭腦也會越清楚，知道生活上該做的改變在哪裡。換句話說，你會知道該怎麼辦。

憂慮會妨礙你的智慧和常識。當你拋開憂慮時，當你察覺到精疲力盡的感覺時，可能會發現，這樣的感覺想告訴你什麼，它指示了你一個新方向，重新安排你的精力，或者某種有正面本質的事物。當你學會信任自己的內在資源，並且拋開恐懼，你會發現，自己的智慧會告訴你，在某個人生關頭時需要做什麼事。試著用正面的觀點來觀看精疲力盡的感覺，並看著它們消失。

79 不要再挖洞了！

偉大的美式足球教練文斯．隆巴迪（Vince Lombardi）曾說過：「已經做錯的事，沒必要一錯再錯下去。」這真是至理名言。

但是，我們卻經常反其道而行。當我們犯了錯，身陷麻煩中，我們不會趕快回頭、反省、改變策略，反而會捲起袖子繼續挖洞，讓自己越陷越深！在我看來，這樣做正好鼓勵自己為小事抓狂，讓事情雪上加霜。

我們不知聽過多少次這種廣告，為陷入經濟困境的人提出的解決之道，就是去辦張信用卡來借現金，然後就有更多的錢可以使用，可以買更多的東西，尤其是非常貴的東西，像是游泳池或新車。這真是不可思議，但很多人卻真的這麼做。這等於是在說，如果你想減肥，那就增加一倍的飲食，並停止運動！我甚至聽說有人在找最優惠的信用卡利率，這樣他們才能夠（用他們自己的話來說）「負擔得起」更多的貸款。

很顯然地，真正的問題在於過度花費、欲望太多，而自制力不夠。想要擁有更多的「東西」，或更多的體驗，或不管任何東西，都讓這個問題越來越嚴重；就好像你已經掉落到一個洞裡，而你費盡心思想要逃出來，但你所採行的辦法卻是繼續挖洞！

在我們生命中的各個層面，隨時可以發現與之相同的模式正隨處發生著。很多人都有不少大大小小的衝突需要處理，每次有新的衝突發生時，或是遇到了可能引發衝突的狀況時，人們往往不會暫時退後，尋找化解狀況的方法，反而照樣向前衝，重複以往同樣的模式與回應方式，採取對抗的方法；結果，總是再度發現自己又身陷另一場衝突事件之中。

於是，他們挫折連連，認為這個世界太糟糕，或認為必須尋求更激進更有效的方法，來處理事情；而這就是惡性循環的開始。同樣的問題會一再發生，直到你能看出自己的處理方式，並決心徹底改變。

解決方法聽起來很簡單，但做起來並不一定永遠那麼容易。祕訣就在於當你又重複同樣的模式時，能夠立即發現。例如，「我又開始不切實際了。」或是「我又開始爭辯不休了。」或者「我又為了同一件事感到心煩，當然相同的感覺又回來了。」然後，不要再緊握拳頭，不要再感到沮喪、讓所有心思都充滿了焦慮，並一再陷入習慣性的思維反應中；相反地，我們要放鬆，退後一步，讓頭腦淨空，用全新的方法來改變環境，來看清整個狀況。

我認識很多人，以前個性都非常強勢、喜歡與人對立，但後來都變得越來越有耐性；我也認識不少人，幾年來一直入不敷出，而現在也都能夠控制開支和生活方式；我還認識許多人，一向習慣把自己的問題，怪罪到別人或其他事情上面，而他們現在瞭解自己，也脫離了窘境。這些人最主要的共通特徵，就是他們比以前更快樂，也更沒有壓力。每個人或多或少都曾掉落洞中，直到他們變聰明，就不再越陷越深了！

80 哀嘆自憐浪費創意能量

哀嘆自憐是社會上普遍被接受的抱怨形式；然而，事實上這根本是同一件事。人人都做這件事，只是程度不同而已。人們哀嘆的原因有好幾種。第一，這是習慣，人人都如此。第二，許多人覺得這麼做可以達到什麼目的或得到某些好處。最後，有些人覺得「不吐不快」，甚至以為讓別人也這麼做是很正面的。他們把哀嘆的熟悉感跟鬆一口氣聯想在一起。

不幸的是，哀嘆是個壞的習慣，它阻礙了你和他人的成功。我們的行動追隨著我們的能量，這包括我們的想法和我們的對話。負面的談話、抱怨和哀嘆都是負面的表達。

下次你參加社交聚會時，請仔細聆聽屋內此起彼落的哀嘆聲。聽聽看人們如何分享他們的苦惱，如何沉溺於自己的問題當中。感覺一下這種能量。然後，回家以後，靜靜坐幾分鐘，思考一下剛剛究竟發生了什麼事。試著在心中總結一下所有的哀嘆與一切的抱怨。現在問問自己：這一切究竟有什麼好處？這能夠解決多少問題、創造多少機會、表達多少喜悅、帶來多少創意？答案是零，一點也沒用。哀嘆一點好處也沒有，甚至還會把情況搞得更糟。一般人花在哀嘆上的精力多得驚人！聽聽周圍的談話，工作上的、午餐上的、家裡的，到處都是。選擇不同流合汙的人少之又少；不過，決心這麼做的人卻比其他人多了莫大的好處。

想想看浪費在哀嘆的精神和情緒有多少，肯定很多。這份精力可以用在創造點子或沉思上，這份精力可以用來解決一個問題、實行一個點子、行銷一項產品。這份精力是你致富的來源，它是你的，而且不費一分一毫。當你下定決心，停止哀嘆，你就能立即釋放這份精力。新的觀念就會開始成形，刺激的新點子也會開始浮現。

打破這個壞習慣是十分困難的。它需要時間，但是絕對值得。打斷的唯一辦法就是留意自己是否又陷入哀嘆之中，或者又要開始怨天尤人了。溫柔地提醒自己，同流合汙雖然十分誘人，但你還有更好的事要做，有更遠大的夢想要追求。當你去除了怨天尤人的習慣以後，你會立刻得到確定的報償。

Part 05

目標

世上沒有到達不了的地方

81 放輕鬆，有時也是尋求答案的途徑

當我建議客戶不要去解決問題時，他們通常會大感不悅，彷彿我是在告訴他們不要洗澡或不要刷牙似的！這是因為大部分的人都以為解決問題的唯一方法，就是去研究、去跟它纏鬥。可是，我卻發現，專注在問題上，才是讓問題繼續存在的主要因素，同時這也將阻止你去超越它。專注在問題上也是讓人坐困愁城的主要因素之一。

我可以向你保證，只要不在問題上鑽牛角尖，你就可以從目前的處境，到達想去的地方。這是一個毫不費力、再自然也不過的變通辦法，但卻比平常「捲起袖子拚命處理」的態度更有效。

最近，我蹲下來清掃破璃碎片，有一小片卻扎進了我的膝蓋，結果我只好到急診中心去縫了幾針。我們都曉得，在治療復原的過程中，最糟糕的就是去揭戳傷疤。聰明的辦法是溫柔地對待傷口，創造最佳的復原環境。只要這麼做，傷口就會奇蹟似地自動癒合。

大部分問題都可以，也都應該應用類似的態度來處理。我們對各種議題的想法——無論公事或私事——都會製造或誘發情緒的反應。通常的狀況是，我們浪費了時間與精力去

對付這些反應，卻沒有處理真正的議題。簡單地說，當我們感到害怕、憤怒或不耐煩時，我們的不知所措，反倒阻礙了自己。我們不但沒有激發自己和他人最好的一面，反而引出更多的負面情緒，而扼殺了原本該有的創造力。

在內心深處，我們都曉得，每個問題都會有一個解決方法，而許多時候，唯有沉著的觀察者才能看出解決之道，這就是為什麼大公司和大企業要雇用外部顧問的主要原因。通常，我們無法看見顯而見易的解答，這是因為我們被困在自己情緒化的反應之中，用自己慣用的方式在觀看人生。

正面處理問題的另一個辦法，就是先讓腦袋淨空，把那些苦思不得其解的煩人問題都放掉。鎮定下來，反省，然後傾聽。讓你的智慧，也就是你的思考中較柔和的那個部分，自動浮現上來；通常，問題的答案就會這樣憑空冒出來。這個問題解決的過程之簡單，想必會讓你覺得不可置信。不過，你越不擔憂問題，它們也就越容易被解決！

82 相信自己無論如何都是贏家

我相信最接近無憂無慮的財富累積策略，就是長期投資股票市場。最好是搭配你的退休計畫，或者，如果你是自由工作者，不妨用這個方法來累積退休準備金。為什麼呢？因為從歷史上來看，若想從這種簡單、眾所周知的策略獲利，市場短期內的上下波動是無所謂的。反正不管怎樣你都是贏家，絕對沒什麼好擔心的。

一旦你抱定「不憂不慮」的態度，看到許多人每天對市場的動向，做不必要的憂慮時，你反而會感到好笑。「真是鬆了一口氣，今天股市不錯！」以及「喔，不，股市又下跌了！」這些都是我們常常聽到的評語，可是，實際上，只要你做長期投資，這些變化對你根本沒有影響。

有什麼好擔心的呢？藉由施行「先酬謝自己」的策略，以及預定的投資百分比，例如把你收入的一〇%先付給自己（高品質、沒有負擔的共同基金），你其實是在確保長期下來可以累積一筆大財富。你只是月復一月把錢投進去，然後就放在那裡而已。

如果股市上揚，你的投資就更值錢了。恭禧，你贏了！

如果股市下跌，你的下一筆投資就可以用比較低的價錢購買更多的股份。恭禧，你又贏了！

這個無須煩惱的累積財富策略，最棒的一點在於，你還可以讓聯邦及州政府補助，分擔你全部投資的三分之一，甚至更多。使用公司的退休計畫，或自由工作者的退休準備金，你就可以將投資從你可以課稅的收入中，扣除相當高的比例，為你省下幾千美元，減少你投資的支出。你的稅務顧問，甚至有學問的朋友，大概都可以告訴你，如何善用這種簡單的策略存錢，並盡可能善用政府的德政，來達成理財目標。

不過，這裡的關鍵是讓你曉得，「不憂不慮」不只是一個陳腔濫調，有許多無憂無慮的實際方法，可以讓你累積財富，這只是其中一個絕妙方法。外在的成功，一向都是從你的人生態度開始的。

83 回頭看，但向前走！

大部分人所擁有的信念當中，最固步自封的就是：今天的我們必定跟昨天的我們一樣。這個信念讓我們固執於過去的錯誤、習慣和限制。我們總是相信歷史會重演，如果昨天不成功，今天或明天當然也不會成功。

如果你看得出這種想法是何等荒謬、何等自貶，你就可以立刻轉變，朝向成功去實現。我們所有人在當下，都有無限的潛力和自新的機會。阻止我們發揮這項潛力的，是我們過去的心理糾結；拋開過去，就像從你的脖子卸下一串沉重的鐵鍊，讓你自由地去追求自己的夢想，發揮你最大的潛力。

我聽過一個美妙的故事，那是關於活在此刻的力量。想像你現在身處在海洋中的一條船上。你站在船舵旁，向東航去，然後問你自己三個問題：第一，什麼是尾波？你回頭觀察一下船尾所留下的尾波，尾波就是在船後所形成的那道水痕，船駛過後，會漸漸消失無蹤。第二，你問自己，尾波可以推動船嗎？你馬上就回答：「當然不能，這太可笑了。」因為，尾波根本就沒有動力。最後，問你自己，那麼船的動力是什麼？你想了片刻，得出了大家都想得出來的答案，船的所有動力都來自此刻的引擎動力。那就對了，除此之外沒有別的了。

用這點來比喻人生再清楚不過了。你此刻的精力就是你所需的一切，它相當有力，而且源源不絕。問題是，我們之中有許多人不懂得使用此刻的全部精力，因為我們不斷想使用我們的「尾波」，也就是我們的過去，來推動我們向前。可是，就像海洋中的尾波一樣，我們的過去並沒有動力，它是虛幻空無的。

我們的過去沒有力量，有的只不過是我們所賦予它的力量。你在生命中所能做的最活潑和最顯著的改變，就是承諾放下過去所有與負面相關的一切，讓生命就從現在開始。你所創造出來的正面能量可能會讓你感到震驚，新的機會也將開啟。當你過去的習慣悄悄溜進意識時，只要一承認就可以把它們趕走。

這並不是一個複雜的過程，你現在就可以立刻開始做。你的過去是很重要，因為有過去才有現在；而現在，你的人生是一連串的當下，必須一刻接一刻地去經歷。專注在當下所能做的事情上，你就已經開始創造原本就註定是自己的財富了。

84 別讓成功成為慢性毒藥

現在有一種值得警惕的傾向越來越常見：擁有一定財富和事業成就的人，他們謙遜的心態會逐漸消失，變得多少有點自負。這是非常不幸的結果，原因如下：第一，沒人喜歡跟傲慢自大或自私自利的人在一起，跟這種人相處不但無趣，而且令人討厭！傲慢自大表示不知感恩，有一種「這一切成就都是靠我自己，都是我一個人的功勞」的意涵；機緣巧合、幸運、機會等等因素，完全被拋諸腦後。

其次，當你被成功沖昏了頭，壓力指數就會直線上升，生活品質也會逐漸消失；人們漸漸不喜歡你，而最後，連你也不喜歡你自己。

你是不是經常聽到這樣的例子，或認識這樣的人：「原本」人很好，努力上進、誠懇實在，又關心別人，而且還懂得幽默，但是在獲得升遷，或是賺了很多錢、獲得股票，或事業做得很成功之後，整個人就變了，變得俗不可耐、自我中心、唯利是圖、作風強勢，而且難以取悅。

從某方面來說，這真是諷刺。某人總算實現了一輩子的夢想：成功；但成功之後，他卻不太容易滿足，甚至還變得暴躁多疑。他對每個人都不滿意，什麼事都讓他看不順眼：房子太小，車子不夠酷；他的脾氣易怒，失去洞察力，貪婪無度，胃口越來越大。

以前很喜歡跟他們相處的人，現在一刻都不想待在他們身旁，甚至還有人會希望好運不再降臨在他們身上。他們的友誼悄悄地遠離，占據他們生命的，是過度忙碌與永遠都不夠用的時間；以前那位開朗且很容易就開心的人，現在變得很難滿足。我曾經和一位非常富有的人，一起坐在他價值十萬美元的車上，他幾近歇斯底里地向司機抱怨冷氣不夠強，而且他對自己的行為完全不以為意！

我讀過一些文章，報導成功的名人、運動員和企業家，有關他們的過人才氣、際遇、努力，以及所有天時地利人和的條件，這些都直接或間接促成了他們的成就。但是，他們並沒有心懷感恩、別具洞察力，反而面色不悅，彷彿人生不公平，或者他們認為自己很厲害，而且成功了，因此自然表現出一副高人一等、與眾不同的樣子——這根本就違背了原則！

很不可思議，這其中有不少是我這個領域中的老師——教人如何保持心境快樂的老師——而他們卻很難保持心境快樂，他們在餐廳吃飯時，經常把菜退回去，要求廚師重做，他們不斷在抱怨服務品質，他們總是對司機和服務生頤指氣使……

問題是，為什麼會有人想要變成這個樣子？一天到晚對事情不滿意、不耐煩，這表示你老是為小事抓狂，甚至是無意義的小事。

因此，不管你早已經擁有不少財富了，或者正在努力往這個目標邁進，當你被成功沖昏頭時，想想這背後荒謬可笑的那一面。你若已經有這個傾向了，趁現在開始改變方向還不遲。

你可以擁有一切——精采的成功、傲人的財富，以及豐富的一生——同時還能保有一顆體貼、和善、慷慨的心，唯有能夠做到這點，你才算真正有所收穫，因為你不但得到成功，還得到了快樂！

85

以退為進，永遠是目標達成途徑之一

許多人因為恐懼，所以從談判中得到的比可能得到的更少，因為他們害怕如果不接受談判的條件，就會讓交易全盤破局。這種情況雖然也可能發生，但你如果不願意從談判中走開的話，卻更可能破壞了自己的成功。

如果你對自己的產品或服務，或帶到談判桌上的一切有信心，那麼請不要害怕從談判中離開。如果你願意走開，去考慮重新來過或將生意帶到別處去，你通常會得到比較好的成果。這並不表示你真的走開，只是說你不介意這麼做，無論如何都不眷戀。

這種不憂不懼的態度，在大部分的商業情況也都適用。我們就來假設一個最簡單的例子好了：買一間房子。假設你找到一幢你真正喜愛的房子，開價是十萬美金；不過，你覺得不應該超過九萬美元才合理，但屋主似乎很固執，問題是，你真的喜愛這幢房子，不想讓這樁買賣破局。

「太在意」後果的話，可能會多花你許多錢，如果你覺得為這幢房子付出九萬元以內，對你最有利，你所能做的最明智的決定，就是出價九萬元，並願意接受破局，而且一點也不憂慮！完全不掛心結果如何。這樣做，通常反而會對你有益；因為事實上，大部分人都是緊張大師！你的談判對象很可能也是。雖然也有少數例外，但是你的交易對象幾乎不會在這個關頭，關上交易大門。

不過，他可能被迫要做一個非常重要而迅速的決定，很可能也是他所擔心的一個決定。他當然可以拒絕你，可是他若也是一個多慮者，大概就不會這麼做。畢竟，他回絕的是一件有把握的事，換來的卻是未知的未來，那可是多慮的人無法忍受的事。

他可能回來提出新價格，但是他若瞭解你是一個不憂不懼的人，而且你不在意破局，他所提出的價格也就會比較低。這是再簡單不過的道理。事實上，賺錢和做明智的決定並不複雜，只是，明白不懼態度有多重要的人並不多；如果能明白這個道理，就能在這場遊戲中穩占上風。

我有一位朋友是我所見過最狡猾的談判高手。他有一次走進一家汽車經銷商，對一輛全新的豪華轎車開了低得驚人的價錢。他是這樣說的：「午安，先生。我手上有一張三萬五千兩百五十美元的保付支票，想用來買這輛車子。我曉得你必須問過你的老闆，所以這項交易在九分鐘內有效，一秒也不多。我不會在這輛車上多花一毛錢，可是你若願意跟這輛車子說再見，這張支票就是你的了。」當緊張的銷售人員開始回答時，我的朋友冷靜地看著他的手錶說：「你只剩八分半，然後我就要走出這扇大門了。」

結果，他買到了那部車子！

顯然地，很少有人有這個膽量（或手段），或者有意願去做這件事，而這個實例確實展現了願意走開的力量。當然，我朋友出的價錢必定還在這輛車真正價位的範圍內，畢竟汽車商絕不會白白把車子送走，而我的朋友也已經將這項因素計算在他的策略之中了。

他對汽車商的實際價格做過研究，並且曉得他們做這項買賣仍然可以賺到一點小錢；可是他也曉得，他所出的價格可能比任何人為那輛車子所付出的價格還低很多。他想要那輛車子，但是又沒有得失心，因此無論如何他都沒有損失。

他深知，大部分推銷員都必須，在潛在客戶身上花許多時間，才能做成一樁買賣，而在這個情況下，他所花的全部時間，除了文件作業以外，根本不到九分鐘。對汽車商來說，在短短的時間內賺一點小錢，比等上幾天、幾週，甚至幾個月，才賺一筆大錢來得划算。關鍵在於，他絕對願意走開，而且完全沒有遺憾。

你在進行這個策略時，還是必須對交易對象表示最高敬意，沒有必要顯得逼人太甚或讓人討厭，你所需要的只是不憂不懼的態度。

試試這項策略吧，我相信，你一定會大有收穫。

86

把時間花在對的事情上

人們在追求成功時所犯的最大錯誤，就是把事業焦點放錯地方，他們總是把太多的時間與精力，浪費在非絕對關鍵的層面上。

我見過有些人非常洩氣地聲稱，他們「沒有時間」去打必要的電話、去跟決策者說話、提出報價、詢問交易、付出應有的勤勉、寫出一個章節、為升遷或市場行銷下工夫，或者其它絕對必要的工作，然而，他們卻找得到時間去清理桌子、打一些社交電話、整理他們的電腦硬碟、計畫週末行程、瀏覽某些檔案、安排約會時間等，盡做些與成功毫無關係的其他事務。

或許，在某個特定的時間內，解決一個特定的問題，就是你事業上的「關鍵」；或許是開闢額外的現金流通、建立你跟同事之間的人際關係、完成一份報告、寫一篇演講稿，或處理一個技術性議題。

要解決這個問題，就得先問下面這個意義重大的問題：什麼才是真正最重要的事？通常，這個答案跟另一個問題的答案很不一樣：什麼是下一件看似合理或方便去做的事？我們經常從一件事跳到另一件事，不管我們的行動是否有意義；我們總是先去處理小小的危機、接電話，或一些擺在桌上的事務，而不先進行真正會改變現狀的行動。

同樣的原則似乎也適用於健身和維持身材上，我每週到本地的健身中心鍛練身體兩次，觀看人們「健身」的各種方法十分有趣。有一群人——我喜歡將自己視為他們的一分子——捲起袖子就開始健身，他們一部機器換過一部，一項練習做過一項，直到完成他們的健身運動。在三十分鐘內，他們已經去淋浴，並走出了大門。一般說來，這些人的身材都十分理想，他們確實達到了目的。

不過，還有一群人，似乎從來不懂得這一點。他們先做一大堆社交工作，花十五分鐘或二十分鐘換衣服，在體育館內走來走去，瀏覽設備，有時候他們會讀讀報紙，或做蒸氣浴。最近，我無意中聽到這些人當中的一位，跟他的妻子或女友之間的一段電話對談，他表情嚴肅地對她說：「甜心，我就是不懂，我每天到這家健身中心來，可是體重似乎從來就沒有減輕。」我在健身中心見過這位男士好幾次，可是我從來就沒看過他鍛練身體。他以為每天來這裡報到，就會對他有幫助；但其實根本連邊都搭不上，因為他似乎從沒去做關鍵事項——運動！

如果我們不專心，在事業和賺錢的努力上，也可能落入同樣的陷阱。我們看起來可能很忙碌，而且每天也都做了不少事，但是我們可能沒有做到足以扭轉局面的一、兩件最重要的事。我所認識最成功的人士當中，有些人每天只工作幾個小時，但是，他們可相當瞭解關鍵的意義。當你做了真正必要而重要的事，其餘的就會各自歸位。

從現在開始，每天花一點時間重新評估你做事的優先順序，確保時間都花在創造生活中的成功及富裕的關頭上吧！

87 試著帶午餐來上班

雖然你或同住的人可能擔心準備午餐既費力又費時，可是這麼做或許是有些益處的。你可以向工作上的同事建議，你想花幾天的時間，來做一項實驗，這項實驗是，你們每個人各自帶午餐來上班，然後根據天氣和其他因素，再計畫去附近的公園、湖畔、山頂，或某個有趣的地方野餐。

這個點子是將午餐小組和投資俱樂部結合起來：你們可以和午餐成員交換理財觀念和投資選擇。依照小組的結構，成員可以輪流帶特殊的食物來。這麼做不但有趣，也比在餐廳吃飯更健康，還能大有收穫。例如，你在這份工作上待了三十年，用二塊美元的午餐，取代了餐廳七塊五角的午餐，每天節省下來的五塊五角，就可以存在投資俱樂部賺取八%的利息，三十年下來就可以累積至少十萬美金的財富，經常上館子的人都知道這些數字估計得相當保守。

即使你的投資俱樂部一週只聚會兩、三次，你還是打開了一扇新穎而「無慮」的財富創造大門。創造你的投資「俱樂部」，其中的一個目標，就是要創造定期投資的紀律和心態。

一旦你想的是投資而非消費，你就可以在其他領域複製這個過程。例如，老闆發給你的紅利可以拿來買東西，也可以投資在新帳戶中去生利息；退稅如此，親人給的驚喜禮物也是如此，甚至存錢筒裡存的錢也是如此。任何時候只要得到一點額外的小錢時，你都把它投資在你的未來上面。長期下來，你所賺得的錢財將不容小覷。

一旦你建立了這種累積財富的心態，好處將會不斷成長。你將發現自己所做的各種理財決定，真的獲得了豐碩的回收。你可能決定買定期保險，而非終身險；不像其他人，你會實際把差額用來投資！你可能會選擇一輛比較負擔得起的車子，你不會覺得被剝削，反而因為能把差價投資在自己身上，而覺得興奮。

你將會發現，用這種態度來投資十分有趣；你不但不擔心未來，而且還能做出欣喜的選擇，安穩地過著無憂無慮的生活。誰會相信帶午餐去上班，竟然是一件這麼有收穫的事情呢？

88 夢想，可不可以再大一點？

擁有遠大的志向，具有深遠且了不起的意義。志向遠大是打開神奇之門的鑰匙，可以拓寬你的視野，讓你看見新的機會。志向遠大讓生活更容易也更有趣，也可能讓你得到更大的收穫。

幾乎來自各行各業的成功商人都不斷提醒我，志向遠大是成功之鑰。我們來看看幾個實例。成功的保險員堅稱，跟某個人談一百萬元保險和談一千元保險所花費的時間，是一模一樣的。在房地產行業中，無論你考慮的是獨棟住宅或一大幢的公寓建築，財務槓桿的概念都一樣。這並不表示，你無法在獨棟住宅上賺錢，也不代表昂貴地產的回收率必然比較高；這只是意味著，你的夢想越大，成功的潛力也就越大。如果你想靠賣房子，做房屋仲介來營生，問有錢人的名單跟低收入戶的名單，所花費的精力是同樣的。你可以想小一點，也可以想大一點。

在公開演講的任何行業裡，這個觀念更是關鍵。你可以對一個人演講一小時，也可以跟一千人或更多人演講六十分鐘，群眾的多寡全視你的視野大小而定。志向遠大的概念也適用於你選擇跟誰談話。你怕爬到巔峰嗎？如果是如此，你便會錯過大好良機。通常位階越高的人其實越好說話，也最願意幫忙。我就有過這樣的經驗，汽車經銷商老闆親自陪我試車，而層級最低的推銷員卻不肯花這個時間。可是想要讓這件事發生，我必須開口問才有機會。在企業界裡，老闆通常比中階經理更樂意陪你坐下來聊聊，這是很奇怪的現象，卻常常發生。

像平常一樣，許多人志向太小的原因就是害怕。心中充滿了這樣的念頭：「我無法對著一屋子的人說話」「我不能冒險接更大的案子」，及「我無法邀請老闆跟我共進午餐」，他們總是把這些事情看得太嚴重。當恐懼浮上心頭時，試著驅逐他們。你可以做得到的，只要你相信自己做得到就行。你所經歷到的恐懼多半是自己想像出來的，而且通常都是沒有必要的。

我有一位朋友，他花費大半的成年歲月去堅持自己無法寫書。這讓我大感不解，因為他不但是一位優秀的作家，而且輕輕鬆鬆就能寫出一篇篇的長篇大論！有一天，我請他考慮一下，一本書不過是把一連串有趣的篇章串連起來而已。在我看來再明白不過的事，他卻從來沒想過。相反地，他總是專注在他固執的信念上，認為寫書這個計畫太龐大了。

這一念之差，改變了一切；兩年後，他完成了自己的第一本書。

看看你自己對富裕的憧憬。你的憧憬是否太小了？你的夢想可不可以再大一點？在大部分的情形中，答案都是肯定的！你用同樣的努力或許可以接觸到更多人。無論你是從事哪一行，第一步都是消除擋住去路的任何恐懼或憂慮。當你的憂慮逐步消失，變得比較沒有影響力時，新點子和洞見就會開始浮現。

我有一位經營咖啡館的朋友，幾年來她都一手包辦所有的工作，她沒有雇用幫手，因為她怕負擔不起這個開銷。問題是，由於她必須包辦所有的工作，所以她的服務就變得很慢，她壓根就沒有想到服務太慢，會讓她的生意大受影響。她知道情況不對勁，早上來喝咖啡的人並不喜歡大排長龍，浪費時間等待。有一天她問自己：「如果我不害怕，我會怎麼做呢？」答案再明顯不過了：「我會雇幾個孩子來加快我的服務速度。」令她喜出望外的是，這正是達成她夢想所需的答案。排隊的人龍減短了，她的財源也滾滾而來。所以根本沒什麼好怕的，尤其是別怕賺不到錢！

89 將投資眼光放遠

要違背這個箴言，衝動行事，實在是一個很大的誘惑。例如，你如果看到一九九六年道瓊指數成長了二六%，基於短期資訊，你會忍不住想賣掉你所有的一切，全部拿去投資股票市場！若是如此，你一定會在短期內遇到重大的下滑修正。或者，你如果去看看一九八〇年中期，加州房地產市場投資的回收率，你大概也想投資獨棟住宅。不過，你如果這麼做了，而且在這場遊戲中逗留得太久，到了八〇年代末期，你可能會跌回原點，甚至破產！這下子你就明白衝動行事，或單靠短期資訊做決定，可能會鑄下的大錯。

相反地，請善用長期資訊取代短期資訊來做大宗決策。這個比較聰明的決策方法，將給你一個更實際的展望，也將去除投資及事業決策的大部分憂慮。例如，如果你檢視任何二十年期間（包括一九三〇年代的大股災）的投資報酬率，比方過去二十年來看，市場投資報酬率大約都在十到十五個百分點之間，全看你選哪一類指數或哪一種股票。這將讓你有理由可以確定，這個趨勢將會持續下去。

90 這是一句好話：再試一下！

我發現一個極為有效的祕密。這個祕密可以一言以蔽之，那就是蘇珊．傑佛斯（Susan Jeffers）的書名：《感到恐懼時，就鼓起勇氣做下去》（*Feel the Fear and Do It Anyway*）。我發現，每次我不敢去做我該做的事情時，只要鼓起勇氣去做了，結果幾乎總是順利的。事情順利過去了；換句話說，雖然我憂心忡忡，我還是安然度過了，我總是能到達彼岸，也總是熬得過來，還有，事情從來沒有想像中困難，事實上，通常比你想的要來得簡單多了。

儘管害怕，還是請你提醒自己，你熬過來了，這是非常有用的，無論如何，你安然無恙。如此看來，煩憂只是一個浪費時間、多此一舉的妄想。

想想你為了不得不做的事情，而失眠的那些夜晚。或許你正在期待應徵的工作回覆，或是同儕評鑑；或許你有件難做的工作要辦，例如，你必須解雇某個人，或是告訴他一個壞消息。你感到煩躁不安、憂心忡忡，有時長達好幾天，甚至好幾週。儘管憂心如焚，你還是度過了。不管你之前是丟了工作、感到羞辱、面對困難挑戰等等，現在你的人依舊在此，依舊熬過來了。這並不表示你不會遇到困難，難題人人都有；這說明的是，我們所經驗到的憂慮不過是心理上的不安而已，一旦把它丟到一邊去，我們就可以繼續過日子，包括面對諸多挑戰。

在我的職業生涯中，我怯場過好幾次。雖然我是一個非常害羞的人，但卻必須在眾多聽眾和照相機前演講。我的高中英文不及格，如今卻必須創作文章和書籍。我也面對過不合理、甚至不可能趕上的截稿日期。是的，我經常擔心。然而，如今回想起來，我卻領悟到，儘管我讓自己承受精神上的折磨，卻總是能夠安然過關，無論如何，我總算熬過來了。通常，我都可以應付難關，我敢打賭你也可以。

這裡有一個大家都用得到的心得：我們比恐懼強壯，比憂慮能幹。下次你發現自己又在杞人憂天時，暫時後退一步，反省一下過去的煩憂；它看起來是不是很熟悉呢？有沒有可能是你又重蹈覆轍了呢？你認為擔心有幫助嗎？反正再怎麼擔心，你還是都得做自己所擔心的事，不是嗎？擔心做什麼呢？我想，這些都是真正重要的問題。我相信，如果花點時間反省一下，你也會同意，如果你「感到恐懼時，就鼓起勇氣做下去」，接著一定會諸事順利的。你一旦抓到竅門，憂慮就會開始消失。

91 跳下來，開始做吧！

如果你想做什麼重要的事情，最佳時機就是從此刻開始，而非等一下、明天、下週、下個月或明年。是的，就是現在！最佳策略就是「一頭栽進去」。我知道你老是有理由，可以延後去做你計畫或希望去做的事。事實上，通常有許多好理由都值得等待；不過，儘管有這些好理由，我還是鼓勵你現在就開始。單純而簡單的事實是，現在就開始一頭栽進去的人，比那些總是等待的人，將更加投入自己的生活，得到更多樂趣，也享有更高度的成就。

大約一年前，我和我太太克瑞絲一起參加一次商業聚會。聚會中有一位婦人看起來似乎很聰明、極有教養，才華過人。這次聚會的目的是幫助人們開始一項新鮮，且令人振奮的事業，而這位婦人決定再等等。儘管她很「肯定」（她的用詞）她想要參加，她還是想要「好好想」一陣子。她要等待好時機。

幾個月後，我們又參加了另一次不同的聚會，我太太是其中一位演講人，你猜我們見到誰了？同一位婦人。我們鼓勵她著手去做。「還不到時候。」是她的回答。她「真的想參加」這項計畫，但是還不想「一頭栽進去」（這也是她的措辭）。這個故事的後續發展，越來越糟。直到我寫這篇文章時，這位婦人還沒開始上路。

好消息是，在第一次聚會後就開始的幾位，已經建立起非常成功的事業了。他們知道關鍵只是開始，而非一再拖延。這些人，這些確實開始的人，跟那位猶豫不決的婦人所面臨的阻礙是一樣的，甚至還要更多；他們也有孩子要照顧，也要上班，有責任要負、有賬單要繳、有房子要打掃、有草坪要除草，要去旅行、參加學校公演和其他家庭聚會，去拜訪親戚、迎接寶寶出世，還有其他想像得到的一切。然而，成功的祕訣就在於，瞭解開始的最佳時機就是現在，儘管你還有這一切的責任要扛，也別讓它們阻礙了你。

你不是非得要在一天之內做完一切，才能成功，可是你必須開始動手。對大部分人來說，跳下來，開始，是最困難的部分。一旦你開始了，其他的一切通常就會陸續按部就班地完成。如果你有興趣，或者正在考慮一項新的冒險，只要它是你願意真心投入的，我的勸告很簡單：一頭栽進去吧。

92 嘗試改變，不管做什麼都不嫌晚

許多人日復一日重複做著相同的事，成年之後的日子多半是這樣度過的。我們保持同樣的習慣，出入相同的地方，固守一成不變的意見，為同樣的事情發脾氣，有同樣的想法，與相同的人碰面，用同樣的方法做事。最重要的是，得到相同的結果，多麼無聊啊！

我花了好幾年才瞭解這個最淺顯的道理：如果我繼續做相同的事，犯同樣的錯誤，抱同樣的期望，我大概會得到同樣的結果，以及同樣的挫折。我終於明白，如果我想得到不同的結果，或是得到更多，我就必須做點別的嘗試。我試了，而且奏效了。我親眼目睹願意嘗試的人幾乎都成功了，其餘的大部人卻都還困在原地。不過，他們動彈不得的原因通常不是因為環境、無能或缺乏機會，而是不願意改變，不願嘗試新事物。

我並非要你換個工作或事業（雖然這可能是個好主意）。相反地，我指的是小小的、內在的改變，你可以每天、每時、每刻做一點，改變你的態度、反應和期望。我說的是願意在不同的地方見不同的人、冒新的危險、面對過去的恐懼。或許你可以聽聽別人的意見、試讀一本你平常不贊同的期刊，一次就好。

我一再聽見人們說這樣的話：「我向來都是這麼做的」，或「我就是這種人」。這些事情說得好像銘刻在石頭上的座右銘似的，好像除了他們自己的觀念和心態，還有別的東西將他們牢牢釘住。其實並沒有，你只要敞開心胸，試點別的，就可以學到令你讚嘆的心得。

從今天開始，告訴你自己，要做點不一樣的事，無論多小都可以。或許可以對同事更友善一點，或許從來沒想到邀請你的上司共進午餐，或許從來不曾加班，或者提早抵達辦公室，或許現在克服請別人幫忙或給個建議的恐懼。只要願意嘗試改變，不管做什麼永遠都不嫌晚。無論你是誰，無論你做什麼事，你總是有辦法可以做點不同的，實驗新招式。你可能會發現，你還挺喜歡自己所做的小改變，而且只要做一點小小的調整，你就可以打開令人興奮的新大門。如果你願意在某件事上做點改變（我想你會願意），接著，你也會想試試其他更多不同的改變的。

93 再多堅持一下！

當我開始創業時，我的父親告訴了我一件起初聽起來有點膚淺的事。過了一陣子後，我才領悟到他是對的。他告訴我，成功的一部分就是堅持到底。他說，太多人都放棄得太早，沒有耐心，無法延緩滿足，到處跑來跑去的。

我喜愛自己所做的事，這是我占便宜的地方。所以，早年我並沒有四處遊走，也延緩了自我滿足，我不會沒有耐心，當然也沒有太早放棄。你知道嗎？家父說得對極了。只要堅持一陣子，人們就會開始認識你的為人和你的行事作風，你將開始有點聲望；如果人們喜歡你，你又很能幹，他們就會開始跟你打交道。

如果你開始了一項事業，卻無法支撐很久，可能無法給顧客足夠的時間來幫你。你沒有充分的時間來發展技術，學會祕訣，累積好名聲。如果你沒有耐心，總是到處遊蕩，或者不斷換工作，只因為你覺得不耐煩或渴望成功，你可能會太早罷手，可能沒有給自己足夠的時間來驗收努力的成果，你可能永遠都無法起飛。可是，「起飛」通常是這個過程中最困難的一部分，尤其是在企業的奮鬥中。通常，當某人非常成功時，表面上看起來他們似乎不費吹灰之力，但你沒看到的是，「成功前」成千上百個小時的苦幹實幹，才有今天這份安逸自在的心情。

我的妻子克瑞絲在聯播網的工作，就是一個絕佳的例子。她曉得在她那一行幾乎人人都可以成功，可是大部分人都沒有好好試試。如果他們早期失望過一兩次（大部分都如此），恐懼和沒耐性就占據了他們，然後就見異思遷去做別的。換句話說，他們放棄得太快了，他們缺乏不屈不撓的精神；他們沒有說：「這需要花點時間才能奏效，我要努力到底。」反而相信別的事情會比較容易。其實不然。有時候人們會對克瑞絲說：「妳好順利。」他們並不曉得她付出了多少努力，才有今天的成就。任何註定成功的新事業，都需要努力和不屈不撓，如果不堅持到底，就不可能得到成功的回報。

我發現，願意堅持到底和願意改變之間有一個微妙的平衡點。你需要智慧，才知道何時該罷手，何時又該留在原處。所以，如果你想要放棄，不要魯莽行事，先諮詢一下你的智慧，如果你太早放棄，請提醒自己，務必不屈不撓，堅持到底。

94

牢牢抓住，輕輕放手

這是我最喜歡的一句話「牢牢抓住，輕輕放手」，是鼓勵你在生產力和內心平靜之間，取得最佳平衡的一句座右銘。「抓住」暗示你想賣力做事，堅持到底，盡最大的努力，不屈不撓，追求你的目標，永不放棄。不過，「輕輕放手」這一面，卻暗示你不應該抓得太久，當時機到時，該放棄就放棄，而且要放得無比優雅。「牢牢抓住，輕輕放手」，涵蓋了成功的兩個非常重要的層面：達成目標及幸福的喜悅。

牢牢抓住與輕輕放手的絕佳例子，就存在於親子教養之道中。當我們扶養小孩時，我們都想在孩子小時候牢牢抓住他們，辛勤工作去保護他們，讓他們嘗試各種經驗，護衛他們的安全及榮譽，竭盡所能地讓他們朝著最佳的目標前進。可是，有時候你需要「放手」，給他們自由，默默退到一旁，讓他們去過自己的生活。放手不表示不再愛他，事實上，放手是父母之愛的終極表現之一。

在商場上，在各式各樣的競爭中，這個原則也同樣適用。盡可能將勝券在握，是恰當的，通常也是必要的。有時候，我們需要費力協調，為我們的最佳利益努力，使出渾身解數，彷彿我們的生命就全靠它了，我們不惜一切求取成功。可是，有時候季節會變遷，改變是不可避免的。

或許我們贏了——也可能輸了——這場比賽；或許這場遊戲我們玩太久了；或許這個行業超越了我們，也可能是我們超越了以前的興趣，這便是該放手的時候了。

如果做得優雅，保持平衡，我們就可以得到平安，從經驗中成長。就像鬆開一個握緊的拳頭，會感到自在而有活力。當道別的時刻來臨時，或者該做改變時，請試著保持風度。這將使你繼續朝著你的夢想前進，它會讓你專注在下一個偉大的探險上。

95 小小步伐是邁向富裕的根本之道

通常，人們都會害怕像娃娃學步一樣，步履蹣跚。他們擔心自己踏出去的步伐不夠大或不夠顯著，他們也擔心別人會嘲笑他們，笑他們軟弱。許多人就是太害怕像娃娃學步，結果什麼也不做。如果成功很簡單，我們早就成功了。帶你邁向成功的策略（像本書中的這一條），雖然簡單，卻未必容易。這些策略只是一張街道圖，你必須親自去走一回才行。

許多人問過我寫書的最佳方法是什麼。我的答案永遠都一樣：不要等待，開始寫就是了。即使你只寫了一段，甚至一個句子，總比沒有好。常見的錯誤觀念是，只要你等待時機，有一天你醒來時，就會得到天大的靈感，並且順利跨出一大步。我可以向你保證，這是有可能的，而且會發生在你身上；不過，如果你從小步開始，你便大大增加了「邁出大步」的可能性。我的兩個小孩大約都在一歲左右開始「娃娃學步」。如今，我幾乎趕不上他們了。記得任何事情、任何過程，無論是私是公，都是從娃娃學步開始的。

我太太和我在好多年前就決定一起跑馬拉松（是的，對此我深深引以為傲）。我們的訓練從每天慢跑二十分鐘開始——娃娃學步。如果我們是等到有能力跑一個鐘頭時，才開始訓練課程，那就太慢了。我們可能永遠也做不到；我們需要娃娃學步才能成功。

我們都聽過人們說：「我沒有足夠的錢來開始儲蓄計畫。我只能每星期、甚至每個月存下二十美元。」我的回答是：好極了！開始吧。立志把五％的收入儲蓄起來，娃娃學步。然後，當你賺到更多錢時，就養成儲蓄的習慣了。娃娃學步會訓練你如何去做。如果你迴避娃娃學步的階段，就永遠沒有機會邁出大步。

想要成功，你必須專注在你做得到的事情上，而非你做不到的部分。娃娃學步只是工具，是邁向富裕的根本之道。或許你想開始創業，卻又覺得沒有時間做你必須做的一切。沒問題，踏出小小幾步，做點事。打第一通電話給市政府，去申請執照，或者去圖書館借一本商業書籍，做點研究。你也可以每週見一個人，或許是個良師益友，向他請教一些點子。在你察覺以前，這些娃娃學步就會變成健步如飛了。

96 別為小風險小題大作

我們經常在不知不覺中，為了非常小的風險而大驚小怪；我們把小風險當成了大風險，而這樣做，也讓我們付出了極大的代價。

要創造財富，同時又要能降低壓力，我所知道最棒的方法就是：學習區分什麼是小風險，什麼是大風險。一旦你能夠區分，就可以決定不用去擔心那些不怎麼高的風險。

有些決定真的有相當大的風險，像是把孩子將來念大學的資金都拿去賭博，當然是極大的冒險；同樣地，把所有的錢都投入在一支未核准上市的股票，也是一樣危險；對你的老闆大吼也有風險，開車沒繫安全帶也一樣危險！對我來說，這些的確都是該擔心的事。

但是，還有許多其他的事情，實際上我們根本不必擔心，但我們卻還是很擔心，甚至到了擔心過頭的地步。例如：要求加薪、該不該接受某個意見，或是擔心別人會對我們有什麼反應等。這些事情或許真的會讓我們害怕，但事實上它的風險並不高；同樣的道理，很多人非常擔心出糗，因此對於一些很可能有助於他們成功的活動，完全敬謝不敏，例如：上台演講、採取冷門的立場、強力行銷他們的產品或服務等。做這些事情並非完全沒有風險，只是，把這些事當成大風險所付出的代價，實在太高了。

當然定期定額投資股票市場，也會有某種程度的風險，但那或許也無需擔憂。很多企業本身都會有一些負債，但假如這不太可能會影響到你，而且你也保持誠信正直，那何必擔心呢？我認識一個人，因為擔心被控告而徹夜不能眠；而事實上，這件事或許根本就不會發生，就算發生了，你也可能會打贏官司。

同樣地，你的確可能會被查帳，很多人都一直在擔憂這個可能性，但是，你如果合法地經營你的事業，擔心這個可能性有什麼意義呢？我們一直在擔心我們根本無力去改變的事情。

有一個很有幫助的辦法，就是列出真正有風險、真正會危害你的人生，或讓你財務出問題的事情。你或許會發現，剛開始列出的事項不多，因為那些是真正該擔心的事；然後，你再隨時記下經常讓自己擔心的事；慢慢地，你的單子就會越列越多。

當你看到那些「真正」的風險就列在單子上面時，你應該很容易就能說服自己，別再擔心其他那些不太重要的事項了。

我曾跟一位女士聊過，她很害怕擴張事業，因為她擔心經常性開支太多。從外在看來，這似乎不算什麼大風險，顯然她的擔心讓她不敢做出大突破。我們討論過真正的風險和假的風險，她也同意她所擔心的風險，其實主要是她自己想像出來的；這並不是說她的擔憂是毫無道理的，而是說她擴大了憂慮。後來她決定不再擔心了，真是值得讚揚！差不多一年之後，我收到她寄來的一張感謝函，告訴我她的事業做得很棒。

當我們在處理事業和金錢時，經常會為了小風險而賠上很高的代價。學會區分合理的憂慮和不必要的擔心，我們就可以走上更富足的人生。

97 今天就擬定計畫吧！

如果你不曉得自己的前進方向，是很難到達任何地方的。然而，有相當大比例的人卻毫無計畫。我們不曉得自己要上哪兒去，也不知道要如何到達目的地。當我們胸中毫無計畫時，要看起來感覺很忙碌是十分容易的，其實，我們只是在繞圈子，到處救火，或是追逐著自己的尾巴打轉。

前幾天，我問一位在舊金山大企業任職的男士：「明年你希望進到什麼職位，完成怎樣的成就？」他的答案有點老套。他用慌張的口吻說：「我沒辦法想那麼遠的事，我猜我只想趕快擺脫這場混仗。」他的「混仗」當然就是指他那一堆「待辦事項」。不幸的是，做完你每天的待辦事項，卻不一定可以帶領你到任何地方。事實上，它通常只會帶著你原地打轉。待辦清單的性質本來就是滿滿的；辦完清單中的事項後，還會有新的事情接著等待被辦理。

計畫就像一張道路圈，它告訴你身在何處，該往哪個方向去；它幫助你擬定一個策略，如何從A點到達B點。例如，如果你的目標是增加五〇%的生產量或銷售量，你的計畫就是每天提醒自己達成目標所必須採取的步驟。例如，你計畫中的一部分可能是，每天打電話開發五位新客戶，而不是只回覆手邊現有的電話。計畫中的一部分也可能是，在年底以前上三門新課程，增進你的知識基礎。要是沒有事先計畫好，你可能挪不出時間去上任何課程。就像跟我說話的那位舊金山先生一樣。你總是會被日常的工作綁住，你會想，「我稍後再處理好了。」可是，事實是你永遠都等不到時間來處理自己真正該做的事。

當你事先做好計畫，奇蹟就會出現：你的計畫幫助你發揮潛力、創意和紀律。很神奇地，一旦有了計畫，你通常就可以貫徹到底。

幾年前，有位單親媽媽經濟拮据，我給了她一個建議，她急需一個財務計畫。她並未替自己存退休金，她說，自己一直在等待開始儲蓄的時機，可是每次到了月底，她的口袋裡總是一毛也不剩。她想到的計畫只花了五分鐘就完成，可是這區區的五分鐘卻是她一生中最重要的五分鐘。她決定要是不從現在就開始，可能永遠都無法開始，所以決定先感謝自己。她說，她的「計畫」是存下十分之一的收入，以備退休之用。前一陣子我又和她巧遇，我問她進行得如何。她報告說，自己已經邁向財務自由之路了。套用她所說的話，她的計畫救了自己一命。她堅稱，一旦有了計畫，遵行起來就容易多了。

胸有成竹，天地為界。只要你憧憬出一個方法來實行自己的計畫，不管你的夢想有多麼宏大，你都可以美夢成真。你的計畫可能是變成百萬富翁、跑馬拉松、每週多花一天陪小孩，或是開一家冰淇淋店。無論是什麼都無所謂，重要的是要有一個計畫。所以，今天就擬定一個計畫吧！

98 知道還不夠，你還得懂著做！

你在本書中大概找不到任何艱深難懂的道理，或許，有很大一部分，你都覺得「喔，這個我早就知道了。」所以，接近本書的尾聲時，我的其中一項結論，是你可能還不知道的事。

關於如何省錢、創造財富、擁有美妙的人生、累積財富，最困難的見解可能是，雖然它既簡單又有趣，你還是必須努力去做才行。這些夢想雖然人人都有，卻未必會自然到手。

基本上，我們可以把工作分為兩類：有些是我們曉得必須研究學習的，還有一類是自然得來的。想建立一座吊橋，當然需要做許多特殊學習；而呼吸則是與生俱來的。現在，問題是：財富是否像吃飯和呼吸一樣自然，還是必須學習和努力才能得來？我想，大概兩者都有。

我們來做個比喻。為人父母是天生就會的，還是需要後天學習和努力的？父母常常會養出一個叛逆、憤怒的小孩，一個無法合群、無法在學校生存、無法在社會上保住飯碗的小孩。不過，鮮少有父母願意承認他們的教養工作做得很差，我敢說沒有父母會熬夜構思如何做一個糟糕的父母。

我相信每位父母說自己是好家長時，都是發自內心的，即使他們的小孩進了少年感化院去服刑也不例外。當然了，經濟和工業環境加劇了為人父母的困難，不過另外一個重要因素是，許多父母就是不懂得養育之道！所以，如果父母在養育能力上都有可能受到誤導，他們存錢、美夢成真、累積財富的能力，有沒有可能也同樣受到誤導？

我相信要追求一份富裕的生活，這兩者都要同時兼備；這是一個自然的過程，但是確實需要一些努力。最出色和最可行的想法很簡單，但是需要你去執行才能成真。當我告訴你這是你的選擇時，我是在授權給你。

如果你無法存錢，無法累積財富，你可以怪罪別人和全世界；但你也可以看出你自己應負的責任。一旦你瞭解自己也是整個過程中的一部分，你就可以打開門，想辦法改變一下。這是一扇有力而重要的門，需要你去打開，你就有能力創造自己夢想中的人生。所以，現在就動手去實現它吧！

99 樂趣越多，越可能成功

這本書顯然不是要教你如何提高投資報酬率。這不是一本投資策略的書籍，或財政學和經濟學方面的著作，它是一本如何創造財富、實現夢想的書。我相信本書中的箴言，比任何財經著作，對你要來得更有幫助。

我寫這本書不只是要幫助你實現夢想，也是要幫助你盡量擴大享受，提高你的生活品質，增加生活的樂趣。我要你成功，而且也知道你做得到。可是同樣重要的是，我還要你得到樂趣。你的樂趣越多——加上智慧、創意和一點努力——你就會越成功。

當你臨終之時，回顧自己的一生，大概不會在乎賺了多少錢，或者擁有多少資產，你也不會將人生的目的視為收集成就，甚或實現目標。我相信，你將會看到，人生的目的是仁慈而有愛心、成長並回饋他人。如果你忘了享樂，大概會有許多遺憾，如果你懂得及時行樂，就不會有遺憾。

實現你的夢想，無論是什麼，都是一大樂事。感到經濟有保障當然是一大享受，可是使用你的心、態度、魅力、智慧以及真誠和善，去創造人生各層面的富裕，更是如此。

當你反思本書中的祕訣時，請同時接納這些方法所呈現出來的精神：輕鬆、有益和有趣，並融入你的生命中。你得到的樂趣越多，越可能成功。不要聽所謂的專家說，創造財富是一樁必須嚴肅以對的冒險。這當然是一項辛苦的工作，但這完全是兩碼子事。

這是你的人生，你有權利享受它。所以在追求成功和創造財富的同時，請別忘了及時行樂！

100

別怕賺不到錢！

有一項指標，可以讓你知道自己是不是熱愛所做的事。那就是當你完成一項工作時，會感覺有點捨不得。因為太愛這項工作了，所以不希望它結束，而我現在就有這種感覺。

這本書原本要叫作《別怕賺不到錢》（*Don't Worry, Make Money*），靈感來自我第一次聽到巴比．麥菲林（Bobby McFerrin）的經典歌曲：〈別擔心，快樂一點〉（Don't Worry, Be Happy），當時我覺得，他彷彿把我的心聲唱出來給全世界聽。

我一向知道，當我們快樂無憂時，不但更能享受人生，而且還能表現得更稱職，更有創意、更有智慧，生產力也更高；我們可以激發別人和自己最好的一面，內心沒有焦慮，不再為小事抓狂，不易憤怒、沮喪和煩惱，我們的人際關係會更活絡，壓力將會減輕，新的契機會開啟，而我們的人生也將會更平順。

我發現成功和失敗之間只有一線之隔，而通常這兩者之間的差別，就在於如何克服憂慮。我們擔心各式各樣的事，有些是大事，有些則是微不足道的小事。例如，我們擔心犯錯或犯同樣的錯，或者出糗；我們擔心如果請求別人幫忙，或是要求加薪，別人會怎麼想；

我們擔心展現自我個性、擔心上台演講，或向人推銷；我們擔心自己的未來，也擔心過去。

可是，擔心究竟有什麼用呢？有些人或許會說，懂得擔心的人才是聰明人，因為這表示你有事先預見問題的能力；雖然，能夠事先預見問題的確是有幫助的，但我不認為要預見問題就必須擔心。

我現在很確定的是，從大部分的例子看來，我們所享受到的任何成功或富足，都是因為不擔心，而不是因為擔心。擔心會讓我們遠離智慧，甚至奪走夢想，讓我們在精神上和情緒上付出極大的代價。擔心會對你的決定和判斷帶來負面的影響，使你急躁易怒、心情沉重。經常憂慮擔心的人可一點都不有趣，而且，跟這種人做生意也沒什麼意思。

如果你見過事業極度成功的人，不管他們在什麼領域，你會發現他們有一個共通點：不會為錢擔心。然而，很有趣的是，他們是「先」不擔心，然後才成功的，而不是因為成功了，所以「才」不擔心。成功人士的內心都有一種不可動搖的信心，使他們不會過度擔心。

克服擔心的一個關鍵，就是把擔心視為一時的情緒騷亂，而不要當成是必要的。當憂慮進入你心裡時，盡量不要把它當成一回事，不要太注意它；當你這樣做的時候，你會發現，要把憂慮趕走一點都不難！於是，便能把心思放在更重要的事情上，幫助你早日實現自己的夢想。

當煩惱消逝之後，此時很難用語言來形容人生有多美妙。對我來說，放掉憂慮使我的內在世界與外在世界，都開啟了許多的可能性。無憂無慮的人生，開啟了新的機會，也帶來了意想不到的自由，而在這之前我根本不知道有這種可能性。因此，「別擔心」，我相信你也可以做得到。

但願本書能幫助你創造夢想，也願你得到最好的一切。

珍視自己，並珍惜生命中所有的禮物。

人生顧問199
練習當有錢人：別再為小事抓狂系列全新改版
Don't Sweat the Small Stuff About Money: Spiritual and Practical Ways to Create Abundance and More Fun in Your Life

作　　者—理察・卡爾森 Richard Carlson, PH. D
封面設計—陳郁汝
封面插畫—李希拉
責任編輯—王俞惠
責任企劃—汪婷婷
董 事 長
總 經 理—趙政岷
總 編 輯—周湘琦
出 版 者—時報文化出版企業股份有限公司
10803台北市和平西路三段二四〇號四樓
發行專線—（〇二）二三〇六—六八四二
讀者服務專線—〇八〇〇—二三一—七〇五
（〇二）二三〇四—七一〇三
讀者服務傳真—（〇二）二三〇四—六八五八
郵撥—一九三四四七二四時報文化出版公司
信箱—台北郵政七九～九九信箱

時報悅讀網—http://www.readingtimes.com.tw
電子郵件信箱—books@readingtimes.com.tw
生活線臉書—http://www.facebook.com/ctgraphics
法律顧問—理律法律事務所　陳長文律師、李念祖律師
印　　刷—盈昌印刷有限公司
初版一刷—二〇一四年十二月十九日
初版四刷—二〇一七年四月六日
定　　價—新台幣二六〇元
（缺頁或破損的書，請寄回更換）

時報文化出版公司成立於一九七五年，
並於一九九九年股票上櫃公開發行，於二〇〇八年脫離中時集團
非屬旺中，以「尊重智慧與創意的文化事業」為信念。

國家圖書館出版品預行編目資料

練習當有錢人：別再為小事抓狂系列全新改版 / 理察・卡爾森 (Richard Carlson)著 ; 朱恩伶, 李怡萍譯. -- 初版. -- 臺北市 : 時報文化, 2014.12
256面 ; 14.8×21公分. --（人生顧問 ; 199）
譯自 :Don't sweat the small stuff about money : spiritual and practical ways to create abundance and more fun in your life
ISBN　978-957-13-6097-3（平裝）

1.職場成功法　2.自我實現

494.35　　103019702

Don't Sweat the Small Stuff about Money:
SPIRITUAL AND PRACTICAL WAYS TO CREATE ABUNDANCE AND MORE FUN IN YOUR LIFE by RICHARD CARLSON, PH. D.

ISBN　978-957-13-6097-3
Printed in Taiwan